一次學會5フ級瓜!

達人級手工皂
GUIDE BOOK

娜娜媽、季芸、南和月、陳婕菱、吳佩真◎著

豐潤滋養生活，真心呵護家人

RECOMMEND

偶然機會裡，看見國立台灣圖書館櫥窗，展示著婕菱老師各種樣式的手工皂，我貼近玻璃定格細看，每個手工皂型獨特巧麗、色彩清晰、分層絢麗潔亮，還有漂浮水面彩皂，哇！真訝異！原來手工皂是集結色彩、技巧、巧思及創作的文藝靈魂作品；就是在這樣的吸引下，引領我進入手工皂的行列中。

跟隨著婕菱老師學習一陣子，開啟我回歸原味的生活；我把家裡的洗髮乳、潤髮乳、沐浴乳通通棄置，全家人皆改用手工皂清潔身體，每當用溫熱水淋身再抹拭些手工皂起泡滑潤，隨之而來的是那種綿密肌膚滋養的感覺，空氣中又瀰漫著天然的香氣，讓我直呼真的太幸福了！連我83歲健朗的母親用家事皂洗刷碗具後，光潔亮晶的效果讓她直稱這是魔皂呢！

當用心製作手工皂，慈愛及幸福就豐盛滿溢了；

當緩緩攪動皂液時，疲累的心靈就沉澱回歸了；

當脫膜皂化熟成時，雀躍成就感就逐漸升起了；

當修皂整理包裝時，喜悅的心情就充實圓滿了；

當禮物贈予親友時，健康的祝福就連結相繫了；

當捐皂義賣解囊時，愛心和關懷就慈悲富足了。

朋友們！生命旅程中若增添手工皂彩色元素，就大大豐潤滋養生活，快來跟隨達人們學習作皂喇花吧！

銀行退休主管　黃美蘭

皂友推薦

從馬來西亞到台灣, 跨海都要學的捲捲皂!

R E C O M M E N D

很多事情看似簡單,其實裡頭繁複瑣碎的細節,都可能導致失敗。曾經我以為捲皂不難,直到我遇上捲捲皂高手——南和月老師,才發現捲皂要成功的訣竅,可不是三言兩語就能說清楚的。

我是一個不輕易妥協認輸的人,為了學習捲捲皂並釐清它的成敗要訣,我三顧南和月老師茅廬,大老遠從馬來西亞飛奔台灣。老師便一路監督著我,向我分享各種在做皂時的獨門訣竅。我常在想,老師高超的技巧不廣為分享實在是一大浪費,這次終於要推出這本集合五位達人的皂書了,我想這本皂書將成為學過捲捲皂的皂友們尋求記憶提醒的參考書,此外更是打開對於捲捲皂有興趣的皂友們的啟蒙課本呢!

生活環保藝術導師 凌翠婷

皂友推薦

打皂新手老手的必備好書!

R E C O M M E N D

認識季芸老師有五年時間了,起先是從她在網路上 PO 的溫暖低調的手工皂照片吸引了我,後來慢慢從網路世界兩端,走入現實生活裡成了好友,一路陪著她從手工皂油品的認識、配方的試驗、添加物的研究,甚至一起鑽研攝影技巧及照片小物的陳設。

老師在手工皂的領域中,投入了相當大的心血,花的時間與精神,絕對超乎一般人的想像,聽到老師終於要出書了,我能保證:季芸老師的書絕對是手工皂新手解惑的明燈,也是老手絕不能錯過的工具書收藏!

皂友 *Vickie Chang*

「回歸自然」的保養方式，安心又實惠！

R E C O M M E N D

市售的洗面乳換來換去，花了好多冤枉錢，好不容易才找到一罐適合自己的膚質，不過長期使用化學清潔劑，對皮膚真的好嗎？認識娜娜媽之後我才知道，很多人皮膚不好，原來竟然是這些清潔劑害的！「回歸自然」的保養方式，自己動手打皂，不但可以自己監控品質，用得安心，價格也更實惠，這麼好康的事，我這麼晚才發現⋯⋯。

謝謝娜娜媽讓我認識了手工皂，從看了她上一本書《30款最想學的天然手工皂》開始，我嘗試買了材料包第一次打皂，除了自己使用，分送給朋友們也是大受好評，接下來我還想要嘗試新書中的各種皂款，替自己和家人朋友們打出更多好皂，向手工皂達人之路邁進！

打皂新手 Sally Chen

跟孩子一起「打皂」美好時光！

R E C O M M E N D

認識佩真老師很多年了，蛋糕裝飾原本是糕餅界的專長，但是經由佩真老師的巧思，讓美味的蛋糕可以變成實用的蛋糕皂，遇到節日要送禮時，蛋糕皂更成為送禮自用兩相宜的最佳伴手禮。

自從這些年跟老師學習製皂及蛋糕裝飾，家中清潔用品已逐步改為天然手工製作，當然分享手工皂使用心得就成為家人及親朋好友每次見面的話題，不知不覺中也使得大家的感情更濃郁，真是一大收穫！

我喜歡帶著孩子一起參與這些過程，因為在孩子成長的記憶中永遠有一塊是屬於媽媽與她的小天地，裡面有一起打皂、一起做蛋糕裝飾的喜悅，相信長大後的孩子們一定會回味無窮！

皂友 孔令玟

目 錄
CONTENTS

PART1
跟著達人來打皂

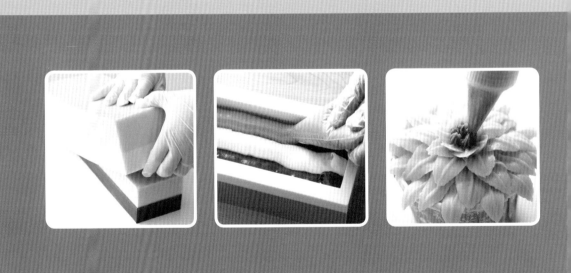

自製天然無毒的手工皂，等你一起來體驗！

認識製皂材料，調配你的專屬配方
準備好工具，一起來打皂吧！

認識製皂材料

油脂──手工皂最主要的成分

油脂是手工皂的最主要成分，不同的油脂比例，會影響皂的軟硬度和洗感，因為每個人的膚質和生活習慣皆不相同，所以適合的配方也不一樣。建議打皂新手可以先參考書中的配方，慢慢熟悉打皂流程並體驗不同配方的洗感；若是老手，則可以自行調配運用油脂。

$$油脂 + 水分 + 氫氧化鈉 = 手工皂$$

油脂挑選小提示

1. 調和油難以計算皂化價，建議避免使用。
2. 食用油皆可用來做皂。
3. 冷壓的油價格較高，可以依個人需求選擇使用。
4. 未精製的油脂所保留的養分較完整，價格又比精製油脂便宜。

達人小叮嚀！ 用在自己身上的清潔用品材料，要挑選品質值得信賴的廠商，來呵護肌膚的健康！

油脂名稱	基本介紹
椰子油	皂的基礎用油，起泡度佳、洗淨力強，若用於肌膚時，**添加量建議不要超過總油重的20%**，否則洗後容易感到乾澀。秋冬時，椰子油為固態的油脂，須先隔水加熱後，再與其他液態油脂混合。
棕櫚油	皂的基礎用油，可以提升皂的硬度，不容易軟爛。**建議用量占總油重的30%以內**，以免做出來的皂不易起泡。秋冬時，棕櫚油為固態的油脂，須先隔水加熱後，再與其他液態油脂混合。
橄欖油	橄欖油起泡度穩定，搓揉出來的泡泡細小但卻相當持久，含有天然維生素E、蛋白質以及礦物質脂肪酸，入皂後的表現相當優越，不僅滋潤度高還能維護肌膚的緊緻與彈性，是天然的皮膚保濕劑。通常會選擇初榨（Extra Virgin）橄欖油來製作。 〝南和月最愛〞 橄欖油取得方便、滋潤效果佳，在家中廚房都用得到！
乳油木果脂	具有修護作用，保濕滋潤度極高，適合中乾性肌膚使用，洗後舒服不緊繃，也很適合做護手霜使用。
澳洲胡桃油	成分非常類似皮膚的油脂，保濕效果良好，最大的特色是含有很高的棕櫚油酸，可以延緩皮膚及細胞的老化。 〝娜敢那媽最愛〞 兼顧滋潤與保濕的好油！
酪梨油	酪梨油價格較高，是屬於手工皂的高級用油。它的起泡度穩定、滋潤度高，容易被肌膚吸收。
榛果油	榛果油因含高量的棕櫚油酸，滲透力佳，可以軟化肌膚，保濕、滋潤效果佳，容易被皮膚吸收，能延緩皮膚及細胞老化，舒緩乾燥肌膚的不適。**開封後請放入冰箱冷藏，以延長油品的保存期限。** 〝婕菱最愛〞 滋潤效果佳，讓肌膚有逆齡的效果！
紅棕櫚油	富含天然的胡蘿蔔素和維生素E，能幫助肌膚修復，改善粗糙膚質。入皂後呈現的色澤像陽光般的亮橙色令人喜愛，但也因自然反應其色澤會逐漸褪去。紅棕櫚油的硬度比棕櫚油軟一些，代替棕櫚油使用時，**用量需控制在總油量的10%～35%之內。**
棕櫚核仁油	起泡度高，比椰子油溫和，可以取代椰子油使用，但起泡度仍有差異。
杏桃核仁油	含有豐富的維生素、礦物質、纖維質，很適合乾性與敏感性肌膚使用。對於臉上的小斑點、膚色暗沉、蠟黃、乾燥脫皮、敏感發炎等情況能有所改善。
甜杏仁油	溫和不刺激，保濕滋潤度佳。適合敏感性或是嬰幼兒的肌膚。 〝季芸最愛〞 百搭不敗款的油品，乾性、中性肌膚皆適用，起泡度也不錯哦！

油脂名稱	基本介紹
芥花油	芥花油具有清爽、保濕、溫和的效果，價格便宜、泡沫穩定細緻，但必須配合其他硬油使用，**建議用量在 20% 以下。**
米糠油	可抑制黑色素形成，保濕滋潤度高，洗感清爽，是 CP 值高的一款油脂。
篦麻油	有肌膚修護、保濕的作用。**建議用量不要超過總油重的 20%，以免做出來的皂容易軟爛**，而且比例太高會提高皂化速度，導致來不及入模。
芝麻油	具有抗氧化與抗自由基的功效，能保護肌膚免於紫外線的傷害，屬於洗感清爽的皂，適合夏天用或油性痘痘肌膚用。入皂後會散發獨特的味道，若要避免可以選用冷壓芝麻油，**建議用量在 20% 以下，以免皂體容易軟爛。**
白油	白油是以大豆等植物提煉而成，為固體奶油狀，可以製作出厚實堅硬、泡沫穩定的手工皂。
苦茶油	含有氨基酸、維生素成分，有滋潤、護髮功能，可以刺激毛髮生長，讓頭髮充滿光澤，對於頭髮修護保養很有益處，適合做出高品質的洗髮皂。 **佩真最愛** 高比例的苦茶油，滋潤的效果能解救冬天的乾癢肌，還有淡淡苦茶香，不過純手工打皂約需兩個半小時，可說是慢工出細活的好皂！
荷荷巴油	**荷荷巴油可以調節油脂分泌，用在洗髮或洗臉皂的表現都相當優秀，對於乾性髮質還有滋潤效果。**
山茶花油	含有豐富的蛋白質、維生素 A、E，具有高抗氧化物質，用於清潔時，會在肌膚表面形成保護膜，鎖住水分不乾燥，拿來做洗髮皂或是護髮油也很適合。
芒果脂	有極佳的保濕及修護效果，能在皮膚上形成一層保護膜。屬於固態油脂，需加熱後再與液態油脂混合。
可可脂	聞起來有一股淡淡的巧克力味，保濕滋潤效果佳，非常適合乾燥肌膚使用，做成護唇膏也很適合。
開心果油	有抗老化的效果，對粗糙肌膚的修復效果很好。

水分──結合油&鹼的重要媒介

在製作 CP 冷製皂時，我們通常會建議將打皂時用到的水分事先做成冰塊，再利用冰塊來溶鹼，因為在溶鹼時鹼液溫度會快速升高，使用冰塊可以降低操作的危險性。

1. 一定要使用純水，生水或礦泉水皆不適用。

2. 可將水分替換成花水、豆漿或是將食材打成汁（像是紅蘿蔔汁、左手香汁等等）。

3. 可用各種乳類（牛乳、母乳、羊乳）來替換水分，做成的皂會更加滋潤。若用乳類代替水分，做出來的皂可保溫也可不保溫，依環境氣候而定。

粉類──製造出色彩繽粉的手工皂

在手工皂的五大技法當中，粉類絕對是讓皂體顏色變化的關鍵，在添加粉類的時候，記得一定要攪拌均勻，才不會破壞皂體美觀喔！

達人小叮嚀！ 利用粉類調皂液的顏色時，千萬不要一次下手太重，慢慢從少量添加，才能調出想要的顏色！

1. 可以先將粉類過篩，幫助調色均勻。

2. 礦物粉要先用水調開後，再與皂液混合。

3. 若不小心將顏色調得太深，可以再加入皂液稀釋。

入皂顏色	粉　　類
粉紅色	茜草根粉、澳洲紅礦泥粉、法國粉紅礦泥粉
橘色	紅麴粉、有機胭脂樹粉
棕色	可可粉、玫瑰果粉、紫檀粉、可樂果粉
黃色	薑黃粉、金盞花粉、番紅花粉
綠色	低溫艾草粉、馬鞭草粉、綠藻粉、蕁麻葉粉、波菜粉
其他	黑色的備長炭粉、灰藍色的紫草根粉、藍的青黛粉

3步驟，調配你的專屬配方

相信大家都知道「手工皂＝油脂＋水分＋氫氧化鈉」，但究竟油脂、水分、氫氧化鈉這三個要素的添加比例要怎麼計算呢？就讓達人們來替大家解說吧！

步驟1 查出油脂的皂化價與INS值

製作手工皂時，要先查明油脂的皂化價與 INS 值，INS 值關係到成品皂的軟硬度是否適中，而皂化價則是會影響氫氧化鈉需要添加的量。

達人小叮嚀！ 因為需要不同油脂的功效，所以手工皂添加的油品常常不只一種，油品的比例要讓最後成品皂的 INS 硬度落在 120～170 之間，做出來的皂軟硬度才會適中。

油脂種類	皂化價（氫氧化鈉）	INS 值
椰子油	0.19	258
（紅）棕櫚油	0.141	145
乳油木果脂	0.128	116
杏桃核仁油	0.135	91
澳洲胡桃油	0.139	119
橄欖油	0.134	109
榛果油	0.1356	94
芒果脂	0.1371	146
棕櫚核仁油	0.156	227
甜杏仁油	0.136	97
篦麻油	0.1286	95
酪梨油	0.134	99
山茶花油	0.134	108
芝麻油	0.133	81
荷荷巴油	0.069	11
白油	0.135	115
芥花油	0.1324	56
可可脂	0.137	157
苦茶油	0.137	128
米糠油	0.128	70
開心果油	0.1328	92

步驟2 估算成品皂的INS硬度

成品皂 INS 硬度＝（A 油重 × A 油脂的 INS 值）＋（B 油重 × B 油脂的 INS 值）
＋……÷ 總油重

我們以黑糖薑汁皂的配方（見 P.28）為例，配方中包含棕櫚油 150g、橄欖油 200g、棕櫚核仁油 150g、乳油木果脂 100g、酪梨油 100g，總油重為 700g，其成品黑糖薑汁皂 INS 硬度計算如下：

（棕櫚油 150g×145）＋（橄欖油 200g×109）＋（棕櫚核仁油 150g×227）＋（乳油木果脂 100g×116）＋（酪梨油 100g×99）÷ 總油重 700g ＝ 99100÷700 ＝ 141.571429 →四捨五入即為 142。

  成品皂的 INS 硬度落在 120 ～ 170 中間，代表這個油脂配方比例沒有問題，可以繼續往下計算氫氧化鈉和水分囉！

步驟3 計算氫氧化鈉與水分

1 氫氧化鈉的計算方式

將配方中的每種油脂重量乘以皂化價後相加，計算出打皂時要添加的氫氧化鈉用量，計算公式如下：

氫氧化鈉用量＝（A 油重 × A 油脂的皂化價）＋（B 油重 × B 油脂的皂化價）
＋……

我們以黑糖薑汁皂的配方（見 P.28）為例，配方中包含棕櫚油 150g、橄欖油 200g、棕櫚核仁油 150g、乳油木果脂 100g、酪梨油 100g，其氫氧化鈉的配量計算如下：

（棕櫚油 150g×0.141）＋（橄欖油 200g×0.134）＋（棕櫚核仁油 150g×0.156）＋（乳油木果脂 100g×0.128）＋（酪梨油 100g×0.134）＝ 21.15 ＋ 26.8 ＋ 23.4 ＋ 12.8 ＋ 13.4 ＝ 97.55g →四捨五入即為 98g。

2 水分的計算方式

確定氫氧化鈉的用量之後，即可推算溶解氫氧化鈉所需的水量，也就是「水量＝氫氧化鈉的 2.3 ～ 2.6 倍」來計算。本書 5 位達人示範的皂款配方，水分倍數並沒有固定，以上述例子來看，98g 的氫氧化鈉，溶鹼時必須加入 98g×2.4 ＝ 235.2g 的水，為了方便計算，我們取整數 240g 即可。

打皂前的工具準備

1 手套、圍裙、口罩：

在打皂的過程中，需要特別小心操作鹼液，所以一定要戴上口罩、手套、護目鏡、圍裙等防護措拖，避免讓強鹼接觸皮膚。

2 電子秤：

最小測量單位1g即可，用來測量氫氧化鈉、油脂和水分。

3 不鏽鋼量杯或塑膠杯一個：

用來放置氫氧化鈉，全程必須保持乾燥，不能有水分。

4 不鏽鋼鍋二個：

分別用來溶鹼和混合油脂，不鏽鋼鍋若是新買的，建議先用醋和清潔劑清洗，才不會在打皂時溶出黑色屑屑。

5 不鏽鋼打蛋器一隻：

用來打皂、混合油脂與鹼液，一定要選擇不鏽鋼材質，才不會溶出黑色屑屑。

6 玻棒或不鏽鋼長柄湯匙一隻：

用來攪拌鹼液，要有一定長度，大約要有30cm，在操作時才不會不小心觸碰到鹼液。

7 刮刀：

烘焙用的刮刀，可以將不鏽鋼鍋的皂液刮乾淨，才不會浪費。在做分層入模時，可以協助緩衝皂液入模，讓分層更容易成功。

8 溫度槍或溫度計：

用來測量油脂和鹼液的溫度，若是使用溫度計，要注意不能將溫度計當作攪拌棒使用，以免溫度計斷裂。在操作渲染皂時，有時會用溫度計來當作渲染工具。

9 模具：

各種形狀的矽膠模或造型模，可以讓手工皂更有「皂型」。

10 加熱用具：

準備電磁爐或瓦斯爐，以便將油脂加熱融解。

基礎打皂教學

A 準備

1 請在工作檯鋪上報紙或是塑膠墊，避免傷害桌面，同時方便清理。為了安全起見，務必要戴上手套、護目鏡、口罩、圍裙。

2 依照配方中的分量，測量氫氧化鈉和水（或母乳、牛乳）。氫氧化鈉請用不鏽鋼杯測量，水則是要先製成冰塊再使用，量完後置於不鏽鋼鍋中備用。

達人小叮嚀！Notice
氫氧化鈉請用不鏽鋼量杯盛裝，並保持乾燥不可接觸到水。

B 融油

3 電子秤歸零後，將配方中的軟油和硬油分別測量好，並將硬油放入不鏽鋼鍋中加溫，等硬油融解後再倒入軟油，可以同時降溫，並讓不同油脂充分混合。

達人小叮嚀！Notice
硬油融解後就可關火，不要加熱過頭喔！

C 溶鹼

4 將氫氧化鈉分3～4次倒入冰塊或乳脂冰塊中，並用攪拌棒不停攪拌，速度不可以太慢，避免氫氧化鈉會黏在鍋底，直到氫氧化鈉完全溶於水中，看不到顆粒為止。

達人小叮嚀！Notice
攪拌時請使用玻璃攪拌棒或是不鏽鋼長湯匙，切勿使用溫度計攪拌，以免斷裂造成危險。

5　混合前用溫度計分別測量油脂和鹼液的溫度，二者皆在35℃以下，且溫差在10℃之內，便可將油脂緩緩倒入鹼液中。

6　用不鏽鋼打蛋器混合攪拌，順時針或逆時針皆可，混合後30分鐘內要不停的攪拌。

達人
小叮嚀！
Notice

如果攪拌次數不足，可能導致油脂跟鹼液不均勻，而出現分層的情形（鹼液都往下沉到皂液底部）。

7　不斷攪拌過後，最後皂液會像沙拉醬般濃稠，整個過程約需30～45分鐘（視配方的不同，攪拌時間也不一定）。試著在皂液表面畫8，若可看見字體痕跡，代表濃稠度已達標準。

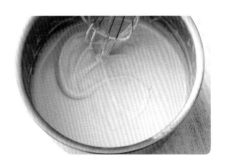

8　加入精油或其他添加物 ，再攪拌約300下，直至均勻即可。

E 入模

9 將皂液入模，入模後可放入保麗龍箱裡保溫1～3天。

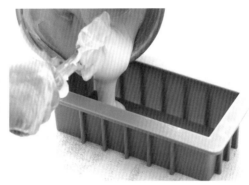

達人小叮嚀！ 冬天時請將作品充分保溫，以避免產生鬆糕現象。

F 脫模

10 大部分的手工皂隔天就會成形，不過油品不同會影響脫模的時間，所以建議放置約3～7天再進行脫模。

11 脫模後，等風乾3天再進行切皂比較不會黏刀。

12 置於風乾處晾皂，約4～6星期後再使用。（使用前可用試紙測試pH值，若在9以下代表已皂化完全，可以使用囉！）

達人小叮嚀！ 請選用準確度高的試紙，才不會測不準喔！

達人小教室

開始打皂之後，便會接觸許多手工皂的相關用語，
以下列出常見用語，讓新手也能快速進入手工皂的世界。

手工皂基礎名詞解釋

冷製皂（CP皂）

「油脂＋氫氧化鈉＋水＝肥皂」，在製皂過程中，若全程的溫度皆低於45℃就稱為冷製皂，通常冷製皂脫模之後大約要放置45天後，待皂的鹼度下降，才能使用。一般來說，手工皂放越久越好洗，很多放置一年以上的老皂，使用起來洗感更棒呢！

乳皂

將溶鹼的水分用牛乳、母乳或羊乳替代做出來皂即是乳皂，乳皂還有分半乳或全乳皂，半乳皂即是將水分總量的一半換成乳類，另一半維持用純水。不管是半乳或全乳皂，都比一般純水製成的皂來得滋潤。

常見打皂的專業用語

Trace

用來形容皂液的狀態，指的是攪拌皂液時阻力加重，濃度感覺像美乃滋般，用打蛋器可以寫出較明顯的 8 不會消失。一般打到 Trace 狀態入模，即可成功做出的手工皂。

Light Trace

用來形容皂液的狀態，指的是攪拌皂液時已經有阻力，感覺像玉米濃湯般的濃度，用打蛋器在皂液表面可以畫出淺淺的 8 不會消失。若皂液需要調色，必須從 Light Trace 的狀態開始進行。

Over Trace

用來形容皂液的狀態，此狀態時攪拌皂液會感到吃力，皂液流動性差，濃度像薯泥般濃稠。若皂液已經 Over Trace，便無法做渲染，做分層時也較容易不平整。

速 T

打皂過程中遇到「速 T」，代表在打皂時皂液皂化的速度比一般快，有可能是因為特殊油品或是精油會加速皂化所造成，像是添加高比例的硬油、米糠油或是紫草浸泡油，有可能皂液很快就變濃稠，若要進行渲染就要避免這樣的配方。

因為網路的發達，讓熱愛手工皂的皂友們有了很多分享的園地，有任何打皂方面的疑難雜症，也可以藉此得到幫助與解答。由娜娜媽、季芸、南和月、陳婕菱、吳佩真五位老師共同設立的 FB 粉絲團，目前成員超過六千人，希望透過這樣的平台，讓每個人都能成為快樂的打皂達人，將手工皂的好分享給更多人知道！

FB 搜尋：手工皂達人知識團

PART2
創意分層皂

P28

P32

P36

—— 最易上手的技法，初學者也沒問題！

【示範達人—娜娜媽】

一層、二層、三層，層層分明的層次感，
堆疊出豐富的變化！

達人介紹──娜娜媽

手工皂是
我一輩子的老師！

開始製皂，是為了改善家人的肌膚健康；分享製皂，是為了讓更多人的問題肌膚獲得改善！因為女兒的皮膚炎而開始學習母乳皂，也因為周遭朋友們對手工皂的反應很好，促使我這八年來不斷嘗試新配方，想給大家更好、洗感更棒的手工皂。

配方沒有好壞，適合自己最重要！

進入手工皂領域後，我理解到不是每一塊皂都適合所有人，但只要一塊皂有適合的使用者，就是一塊好皂！因為母乳皂代製或是企業代製，我常碰到不同的客戶，每一位客戶的需求都不同，所以必須調整配方，貼近客戶的需要。

我相信每位皂友都有自己的武功祕笈，認為自己的配方最好洗，若是皂方的主人願意分享，是一件很棒的事！配方的好壞沒有絕對，唯有真正使用過，皮膚自然會給你答案。

向皂學習，將經驗分享出去！

把手工皂當成事業以來，我先生一直是我背後很重要的推手，他也是最忠實的試用者，每當我研發出新的配方，都是第一個與他分享。當你熱愛你的工作，旁人自然會願意給你幫忙、給你力量，這真的是一件很神奇的事。因

手工皂達人
娜娜媽

曾是服裝設計師，運用學設計的角度來「創皂」，用皂當畫布，畫出母乳皂的新天地。出版過三本暢銷的手工皂DIY書籍，希望經由手工皂書籍推廣環保手工皂，一起愛地球。

經歷　新北市手工藝職業工會顧問、講師
　　　新巨企業股份有限公司手工皂社團講師

出版書籍：2009《自己做100％保養級乳香皂超簡單》
　　　　　2010《娜娜媽教你做超滋養天然修護手工皂》
　　　　　2013《30款最想學的天然手工皂》

娜娜媽媽皂花園： www.enasoap.com.tw
部落格： enasoap.pixnet.net/blog
FB： www.facebook.com/enasoap

為喜歡而不會去計較工作的多寡，也因為喜歡會不斷學習，而且想做得更好。

　　自從認識手工皂以來，我一直抱持著不斷學習的態度，不管是新配方或是新素材的運用，透過不同的組合來完成自己的新想法，「皂海」裡的學習是永無止盡，即使是老手也會碰到新的問題，唯有找到解決方法才能有所進步，我還因為做皂，想要再進修化學課程呢！

　　最後要感謝我的媽媽和同事們長期以來的幫忙，還要謝謝老公及孩子們的體諒，因為他們，我才能持續做自己喜歡的工作，也感謝長期支持我們的客戶及皂友同學們，因為有你們，才讓我更堅定走在手工皂這一條路。

成功率高！分層皂這樣做

以手工皂的技法來說，分層皂是最簡單、變化性又大的一種技法，只要掌握時間和皂液的濃稠度，就能做出成功又漂亮的分層皂。

有過打皂經驗的人都知道，自己打一鍋皂其實很簡單，但是要做出漂亮的皂，必須靠經驗的累積。對初學者來說，分層的技巧是最容易上手的，而且「皂型」可以千變萬化，相當好玩有趣，大家一定要動手試試看！

POINT 1　避免使用太長和太寬的模具

在做分層皂時，可以選用各式的模具來操作，但不建議選用過長和過寬的模具，20 公分以下的長度、15 公分以下的寬度有助於操作。

POINT 2　先構想分層的比例

製作分層皂時，需要知道皂液的總量，好調配每一層的分層量，舉例來說，如果皂液是 1000g，要分均等兩層，每一層便是 1000÷2 ＝ 500g；如果要做三層，每一層便是 1000÷3 ＝ 333.3g；如果要做四層，每一層便是 1000÷4 ＝ 250g 等等，以此類推。建議大家若是要分三層就準備三個量杯，把皂液平均分配調好色，在操作時就不會慌亂。

POINT 3　選擇適合的油脂和精油

在做分層皂時，需要等到倒入的第一層皂液具有一定的稠度，才可以繼續倒入分層皂液。而在油脂和精油的選擇上也有一些小訣竅，像是可以在配方中選擇**米糠油、乳油木果脂和蓖麻油等較易皂化的油脂**，讓皂液加快變

稠，建議用量約 10% 較好操作，若是超過 10%，有時皂液稠的速度過快，反而會來不及調色分層。

或是可以在入模前，加入少許會加速皂化的安息香精油，縮短等待時間，盡快將分層皂液倒入。但要注意的是，**不要同時使用會加速皂化的油脂和精油，以免皂液會過於濃稠不好入模。使用安息香精油時，建議可以搭配甜杏仁油、芥花油、橄欖油、榛果油等等。**若是不想添加精油加速皂化，可以利用電動攪拌器的高轉速讓皂液變濃稠，讓分層更平整。

分層技法&技巧

● 一般分層法　　使用工具：刮刀

倒皂液時，先將皂液倒在刮刀上，減緩皂液的衝擊力，讓皂液不會直衝到下一層，破壞分層的美觀（皂款示範請見 P.32&P.44）。

● 篩粉分層法　　使用工具：篩子、粉類

在分層的皂液中間，利用篩子過篩，灑上一層薄薄的粉類，便可製造一條筆直的細線，讓分層皂更精緻（皂款示範請見 P.28）。

● 隔板分層法　　使用工具：皂片

將皂片裁成符合模具對角線尺寸，做為分層的分隔，皂片大小必須剛好卡住模具，才不會傾倒（皂款示範請見 P.36，另有雙片皂片隔板示範，請見 P.40）。

黑糖薑汁皂

BROWN SUGAR

天然食材入皂，帶來溫潤洗感！

製作難度 ★★☆☆☆
使用技法 篩粉分層法

　　黑糖薑汁是我日常身體保養的食材之一，大家都熟知黑糖、老薑的好處多多，可以促進血液循環、改善手腳冰冷等等，因此讓我興起將黑糖薑汁入皂，不但材料便宜好取得，洗起來有黑糖薑母的香氣，但不會有薑的辛辣刺激感，能帶來天然的溫潤洗感，是一款冬天必備的好皂。

　　這款皂是使用「篩粉分層法」，將平凡的雙層分層中間添加了一條筆直的細線，讓分層更顯細緻。在操作時，只要在分層的中間，將粉類用篩子過篩，平均灑在模具每一個角落，注意只要灑上薄薄的一層就好，太多粉會讓分層斷裂喔！

Note

薑不只能內服，還可以外用，能夠刺激血液循環，促進新陳代謝，改善虛寒體質；含有豐富礦物質的黑糖，可以幫助去除角質，具有保濕效果，入皂經過皂化後，不會引來螞蟻，大家可以安心使用。

示範模具		矽膠模 長x寬x高（cm） 20.5x9x6.5
使用工具	刮刀、篩子、電動攪拌器	
INS 硬度	142	

配方 Material

油脂	棕櫚油	150g	棕櫚核仁油	150g
	橄欖油	200g	乳油木果脂	100g
	酪梨油	100g		

鹼液	氫氧化鈉 98g
	黑糖薑汁冰塊 240g

精油	薑精油 7g（約 140 滴）
	Miaroma 草本複方 7g（約 140 滴）

添加物	老薑粉	10g	可樂果粉	3g
	黑糖粉	20g		

※ 以上材料約可做 10 塊 100g 的手工皂，如左圖大小。

作法

A 準備

1 準備一個小鍋，將150g老薑拍碎，加入500g水，以中小火煮50分鐘。

2 將步驟1用篩子過濾之後，加入20g黑糖粉攪拌均勻，待放涼之後放入冰箱，做成黑糖薑汁冰塊備用。

B 融油

3 將配方中的油脂全部量好，先將乳油木放入不鏽鋼鍋中隔水加熱，融解後加入軟油讓油脂充分混合。

TIPS 秋冬時，棕櫚油和棕櫚核仁油等固態的油脂須先隔水加熱後，再與其他液態油脂混合。

C 溶鹼

4 測量240g黑糖薑汁冰塊，置於不鏽鋼鍋中，再將98g氫氧化鈉分3～4次加入冰塊中快速攪拌（每次約間隔30秒），直到氫氧化鈉完全溶解。

TIPS 製作鹼液時溫度會快速升高，若出現白色煙霧，請小心避免吸入。

D 打皂

5 將步驟4完成的鹼液邊攪拌邊倒入步驟3的油脂中，順便檢查是否還有未溶解的氫氧化鈉。

TIPS 混合前用溫度計分別測量油脂和鹼液的溫度，二者皆在35℃以下，且溫差在10℃之內，即可混合。

6 持續攪拌約30～40分鐘，直到皂液達到Trace的程度（看起來像美乃滋一樣，在皂液表面畫8可看見字體痕跡）。

7 將精油倒入皂液中，再持續攪拌300下。

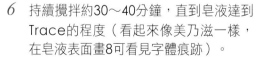

E 調色&入模

8 將1000g的皂液分成2杯，一杯650g、一杯350g備用。

9 先將650g的皂液用電動攪拌器打1～2分鐘，皂液變稠後再倒入模具中，等5～10分鐘後，將3g可樂果粉用篩子過篩，平均灑在每一個角落。

TIPS 篩粉只要撒上薄薄的一層就好，粉太多會讓分層斷裂。

10 將10g老薑粉過篩後，倒入步驟8的350g皂液調色，記得要確實攪拌均勻。

11 將步驟10的皂液用刮刀輔助慢慢倒入模具。

TIPS 在倒分層皂液時，必須利用刮刀輔助，緩衝皂液的衝擊力，否則很容易倒到下層的皂液，這樣分層就會出現不平整的波浪。

12 將手工皂放入保麗龍箱裡保溫1～3天。

TIPS 冬天時請將作品充分保溫，2～3天後再從保溫箱取出，可避免皂粉產生，也可避免鬆糕現象。

F 脫模

13 大部分的手工皂隔天就會成形，不過油品不同會影響脫模的時間，所以建議放置約3～7天再進行脫模。

14 脫模後，等風乾3天再進行切皂比較不會黏刀。

15 置於風乾處晾皂，約4～6星期後再使用。（使用前可用試紙測試pH值，若在9以下代表已皂化完全，可以使用囉！）

TIPS 請選用準確度高的試紙，才不會測不準喔！

巧克力脆片乳皂

CHOCOLATE CAKE

甜蜜蜜的皂款，一洗就愛上！

製作難度 ★★☆☆☆
使用技法 皂邊添加

　　這款皂的製作過程很簡單，非常適合初學者來挑戰。利用咖啡色和白色的皂邊，用手剝成碎片狀，再灑入皂液之中，乍看還真像將黑、白巧克力入皂呢！

　　可可粉可以食用，每次用來入皂，總是會讓人分不清手工皂和巧克力的差別，因為不管是顏色或是香味，幾乎一模一樣，連外型也很像巧克力蛋糕，所以完成後，要特別注意不可以放在小朋友拿得到的地方，以免誤食喔！

Note

市面上很多保養品都喜歡加入可可粉，因為它有抗氧、活化等成分，具有保濕、滋潤、鎮靜的作用，可以有很好的保濕鎖水力，讓肌膚柔嫩光滑。搭配上Miaroma的黑香草環保香氛，會讓皂變成淺咖啡色，這款皂充滿了巧克力蛋糕的香氣，使用起來很有幸福感喔！

示範模具	矽膠模 長x寬x高（cm） 20.5x9x6.5
使用工具	刮刀、篩子、電動攪拌器
INS 硬度	139

配方 Material

油脂	榛果油	200g	棕櫚核仁油	150g
	篦麻油	50g	澳洲胡桃油	200g
	可可脂	100g		

鹼液	氫氧化鈉 98g 牛乳冰塊 240g
精油	Miaroma 黑香草　14g（約 280 滴）
添加物	皂邊　（咖啡色、白色）適量 可可粉　10～15g

※ 以上材料約可做 10 塊 100g 的手工皂，如左圖大小。

作法

A 準備

1　將240g的牛乳製成冰塊備用。

2　將咖啡色和白色皂邊，用手剝成碎片備用。

> **TIPS** 要做出好看的巧克力碎片可以將皂液倒入薄薄的一層進入模具中（約0.2～0.3cm），等成形後再脫模取出，用手剝成碎片。

B 融油

3　將配方中的油脂全部量好混合，可可脂要先隔水加熱融解，再與其他液態油脂混合。

> **TIPS** 秋冬時，棕櫚核仁油等固態的油脂須先隔水加熱後，再與其他液態油脂混合。

C 溶鹼

4　將步驟1的牛乳冰塊，置於不鏽鋼鍋中，再將98g氫氧化鈉分3～4次加入冰塊中快速攪拌（每次約間隔30秒），直到氫氧化鈉完全溶解。

> **TIPS** 製作鹼液時溫度會快速升高，若出現白色煙霧，請小心避免吸入。

D 打皂

5　將步驟4完成的鹼液邊攪拌邊倒入步驟3的油脂中，順便檢查是否還有未溶解的氫氧化鈉。

> **TIPS** 混和前用溫度計分別測量油脂和鹼液的溫度，二者皆在35℃以下，且溫差在10℃之內，即可混合。

6　持續攪拌約20～25分鐘，直到皂液達到Trace的程度（看起來像美乃滋一樣，在皂液表面畫8可看見字體痕跡）。

7　將精油倒入皂液中，再持續攪拌300下。

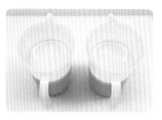

E 調色&入模

8 將1000g的皂液分成2杯各500g。

9 將其中一杯500g皂液先用電動攪拌器打1～2分鐘,使皂液變稠。

10 將步驟9的一半皂液(約250g)倒入模具後,再灑上步驟2的咖啡色碎片皂邊,然後再倒入剩餘的一半皂液,可以輕輕左右搖動模具,讓皂液平整。

11 靜置5分鐘,確定皂液已呈現不會流動的狀態,即可做第2層分層。

12 將另一杯500g皂液加入過篩後的可可粉調色,用打蛋器攪拌均勻。

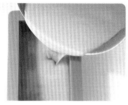

> **TIPS** 乳皂保溫或不保溫皆可,因為本身有乳脂肪,皂化溫度會比水做的皂化溫度高,冬天可以蓋上一層保鮮膜,防止皂粉出現。

13 倒入一半的咖啡色皂液(約250g)後,再灑上步驟2的白色碎片皂邊,然後再倒入剩餘的一半皂液,可以輕輕左右搖動模具,讓皂液平整。

F 脫模

14 大部分的手工皂隔天就會成形,不過油品不同會影響脫模的時間,所以建議放置約3～7天再進行脫模。

15 脫模後,等風乾3天再進行切皂比較不會黏刀。

16 置於風乾處晾皂,約4～6星期後再使用。(使用前可用試紙測試pH值,若在9以下代表已皂化完全,可以使用囉!)

> **TIPS** 將手工皂先切成五等分,之後再斜角對切就會變成蛋糕的型狀。

> **TIPS** 請選用準確度高的試紙,才不會測不準喔!

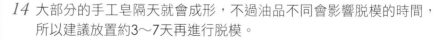

蜂蜜優格保濕乳皂

HONEY&YOGURT

細緻又光滑，充滿彈性的蜜糖肌膚

製作難度 ★★☆☆☆
使用技法 單片皂片分隔法

在製作一般「上下分層皂」時，比較容易因為倒皂時力道控制不好，而導致失敗，這款分層皂是利用「左右分層」，在對角線放入皂片做隔板，再分別倒入兩種不同顏色的皂液，絕對能做出顏色明顯的分層皂。

這款皂需事先製作好皂片隔板，記得在切皂片時，可以使用線刀片皂，再慢慢裁切尺寸，讓皂片的大小剛好可以卡住模具，避免皂片太小而無法站立。對角線的分層皂，在切皂時，每一片切出來的分層顏色比例都不同，充滿了驚喜感！

Note

蜂蜜不僅是好食材，也是入皂的好皂材，不但能殺菌及保濕，也可以讓皮膚細膩、光滑、富有彈性。優格裡有牛奶所含的蛋白質，能讓皂的洗感更豐潤，洗完後肌膚還會覺得滑滑的，大家一定要試試看喔！

示範模具		矽膠模 長x寬x高（cm） 20.5x9x6.5
使用工具	對角線皂片	
INS 硬度	141	

配方 Material

油脂	椰子油 130g 杏桃核仁油 100g 棕櫚油 200g 澳洲胡桃油 70g 橄欖油 130g 米糠油 70g
鹼液	氫氧化鈉 103g 牛乳冰塊 225g 純水（調蜂蜜用） 15g
精油	Miaroma 薔薇之戀 7g（約140滴） Miaroma 櫻花 7g（約140滴）
添加物	皂片 1片 蜂蜜 15g 優格 30g 茜草根粉 10～15g

※ 以上材料約可做 10 塊 100g 的手工皂，如左圖大小。

作法

A 準備

1 將225g的牛乳製成冰塊備用。

2 將15g蜂蜜加入15g水先調開、30g優格先攪碎備用。

3 在模具中放入1片厚度約0.8cm的皂片，長寬需符合模具的對角線。

TIPS 皂片的尺寸要剛好卡住模具，避免倒入皂液時皂片傾倒，也可以先用一點皂液來固定皂片。

B 融油

4 將配方中的油脂全部量好混合。

TIPS 秋冬時，椰子油和棕櫚油等固態的油脂須先隔水加熱後，再與其他液態油脂混合。

C 溶鹼

5 將步驟1的牛乳冰塊，置於不鏽鋼鍋中，再將103g氫氧化鈉分3～4次加入冰塊中快速攪拌（每次約間隔30秒），直到氫氧化鈉完全溶解。

TIPS 製作鹼液時溫度會快速升高，若出現白色煙霧，請小心避免吸入。

D 打皂

6 將步驟C完成的鹼液邊攪拌邊倒入步驟B的油脂中，順便檢查是否還有未溶解的氫氧化鈉。

TIPS 混和前用溫度計分別測量油脂和鹼液的溫度，二者皆在35℃以下，且溫差在10℃之內，即可混合。

7 持續攪拌5分鐘後，將步驟2的優格加入一起打皂。

8 繼續攪拌約20分鐘後，讓皂液的濃度變稠，直到皂液達到Trace的程度（看起來像美乃滋一樣，在皂液表面畫8可看見字體痕跡）。

9 將精油倒入皂液中，再持續攪拌300下。

E 調色

10 將1000g的皂液分成2杯各500g備用。

11 將其中一杯500g皂液加入步驟2的蜂蜜水拌勻後,再加入適量的茜草根粉調色備用。

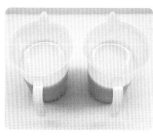

F 入模

12 將1杯500g原色皂液和1杯調色皂液,分別倒入步驟3用皂片隔開的模具兩邊即完成。

TIPS 若皂液比較稀可以用電動攪拌器打1～2分鐘增稠後再倒入。

TIPS 若皂片穩固,可以2杯皂液一起倒。

TIPS 乳皂保溫或不保溫皆可,因為本身有乳脂肪,皂化溫度會比水做的皂化溫度高,冬天可以蓋上一層保鮮膜,防止皂粉出現。

G 脫模

13 大部分的手工皂隔天就會成形,不過油品不同會影響脫模的時間,所以建議放置約3～7天再進行脫模。

14 脫模後,等風乾3天再進行切皂比較不會黏刀。

15 置於風乾處晾皂,約4～6星期後再使用。(使用前可用試紙測試pH值,若在9以下代表已皂化完全,可以使用囉!)

TIPS 請選用準確度高的試紙,才不會測不準喔!

荷荷巴洗髮乳皂

JOJOBA OIL

改善毛躁髮絲，讓頭髮滑順不打結！

製作難度 ★★★☆☆
使用技法 雙片皂片分隔法

　　這款皂是利用兩片皂片加三種顏色的皂液所製作而成的分層皂。利用「蕁麻葉粉」、「胭脂樹粉」和「可樂果粉」調色而成的三色洗髮皂，雖然這三種顏色都偏重，但是利用白色皂片將顏色區隔開來，成了彼此協調又能各自突顯的色澤美感。

　　利用皂片當作隔板的分層法，最重要的是要注意在倒皂時，皂片千萬不可傾倒，否則就會失敗。建議可以沾取少許皂液用來固定黏合，增加操作時的成功率。

Note

荷荷巴油的穩定度和滋潤度都很高，對於皮膚和頭髮有很好的保濕效果，同時含有抗氧化成分，能使頭髮光澤柔軟有彈性，做成護髮油也相當棒。篦麻油中特有的蓖麻酸醇，對毛髮有柔軟的作用，加入洗髮皂裡，能使頭 滑順好梳理。可樂果粉含豐富的精氨酸，能提供毛髮豐富的營養，進而促進生長，改善頭髮稀疏等問題。

示範模具	 矽膠模 長 x 寬 x 高（cm） 20.5x9x6.5
使用工具	「<」字形皂片
INS 硬度	162

配方 Material

油脂	椰子油	300g	山茶花油	100g
	棕櫚油	100g	荷荷巴油	100g
	篦麻油	100g		

鹼液	氫氧化鈉	104g	羊乳冰塊	240g

精油	醒目薰衣草精油　5g（約100滴） 紅檀雪松精油　5g（約100滴） 迷迭香精油　5g（約100滴）

添加物	皂片　2片	胭脂樹粉　7g
	蕁麻葉粉　7g	可樂果粉　7g

※ 以上材料約可做 10 塊 100g 的手工皂，如左圖大小。

作法

A 準備

1 將240g的羊乳製成冰塊備用。

2 在模具中放入2片厚度約0.8cm的皂片，排列成「＜」的形狀，將模具隔出上、中、下3個空間。

TIPS 皂片的尺寸要剛好卡住模具，避免倒入皂液時皂片傾倒，也可以先用一點皂液來固定皂片。

B 融油

3 將配方中的油脂全部量好混合。

TIPS 秋冬時，椰子油和棕櫚油等固態的油脂須先隔水加熱後，再與其他液態油脂混合。

C 溶鹼

4 將步驟1的羊乳冰塊，置於不鏽鋼鍋中，再將104g氫氧化鈉分3～4次加入冰塊中快速攪拌（每次約間隔30秒），直到氫氧化鈉完全溶解。

TIPS 製作鹼液時溫度會快速升高，若出現白色煙霧，請小心避免吸入。

D 打皂

5 將步驟4完成的鹼液邊攪拌邊倒入步驟3的油脂中，順便檢查是否還有未溶解的氫氧化鈉。

TIPS 混合前用溫度計分別測量油脂和鹼液的溫度，二者皆在35℃以下，且溫差在10℃之內，即可混合。

6 持續攪拌約25分鐘後，讓皂液的濃度變稠，直到皂液達到Trace的程度（看起來像美乃滋一樣，在皂液表面畫8可看見字體痕跡）。

7 將精油倒入皂液中，再持續攪拌300下。

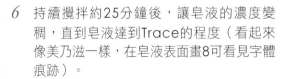

E 調色&入模

8 將1000g的皂液平均分成3杯，分別添加可樂果粉、胭脂樹粉和蕁麻葉粉（由左至右）調色。

9 將橘色的胭脂樹粉皂液倒入模具中間位置，其他2色分別倒入上及下的位置。

TIPS 乳皂保溫或不保溫皆可，因為本身有乳脂肪，皂化溫度會比水做的皂化溫度高，冬天可以蓋上一層保鮮膜，防止皂粉出現。

F 脫模

10 大部分的手工皂隔天就會成形，不過油品不同會影響脫模的時間，所以建議放置約3～7天再進行脫模。

11 脫模後，等風乾3天再進行切皂比較不會黏刀。

12 置於風乾處晾皂，約4～6星期後再使用。（使用前可用試紙測試pH值，若在9以下代表已皂化完全，可以使用囉！）

TIPS 請選用準確度高的試紙，才不會測不準喔！

分層皂小教室

在製作皂片格板時，建議新手可以使用線刀，切出來的隔板厚薄度才會比較均勻，若是經驗豐富的老手，則直接使用菜刀切就可以囉！

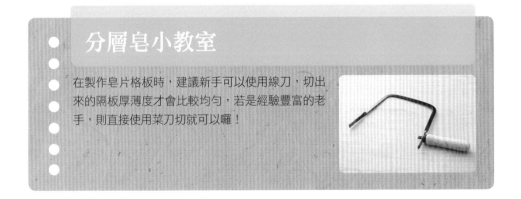

苦茶蕁麻葉洗髮皂

NETTLE LEAF

偷學老祖母的美麗配方，洗髮、護髮一次達成！

製作難度 ★★★☆☆
使用技法 皂條運用

　　簡單的雙色分層皂，只要加入平常做皂時多餘的皂邊，將它切成細長的皂條點綴，就能讓質感升級，讓你的皂寶寶變得更加可愛！想讓皂型更突出的話，不妨在切皂時，改變皂的大小比例，讓皂的大小更接近正方體一點，呈現出的作品又會與與眾不同、耳目一新喔！

Note

苦茶油是以前老阿嬤美容聖品，用來美髮、美膚，用於洗髮能帶來保濕修護的效果；蕁麻葉粉也是護髮聖品，具有收斂、平衡油脂的作用，對於乾裂或敏感性的肌膚有改善效果，還曾被早期印地安人拿來當成治療禿頭的祕方呢！

示範模具	 矽膠模 長x寬x高（cm） 20.5x9x6.5
使用工具	刮刀
INS 硬度	188

配方 Material

油脂	椰子油	350g
	苦茶油	250g
	蓖麻油	100g

鹼液	氫氧化鈉	114g
	純水冰塊	275g

精油	紅檀雪松精油　7g（約 140 滴）
	綠檀精油　7g（約 140 滴）

添加物	蕁麻葉粉　　7g～10g
	皂邊　適量

※ 以上材料約可做 10 塊 100g 的手工皂，如左圖大小。

045

作法

A 準備

1 將275g的純水製成冰塊備用。

2 先將各色皂邊切成細長的皂條備用。

TIPS 細長的皂條可用線刀片皂，讓粗細一致。

B 融油

3 將配方中的油脂全部量好混合。

TIPS 秋冬時，椰子油等固態的油脂須先隔水加熱後，再與其他液態油脂混合。

C 溶鹼

4 將步驟1的純水冰塊，置於不鏽鋼鍋中，再將114g氫氧化鈉分3～4次加入冰塊中快速攪拌（每次約間隔30秒），直到氫氧化鈉完全溶解。

TIPS 製作鹼液時溫度會快速升高，若出現白色煙霧，請小心避免吸入。

D 打皂

5 將步驟4完成的鹼液邊攪拌邊倒入步驟3的油脂中，順便檢查是否還有未溶解的氫氧化鈉。

TIPS 用溫度計分別測量油脂和鹼液的溫度，二者皆在35℃以下，且溫差在10℃之內，即可混合。

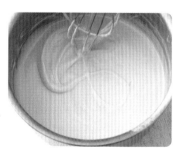

6 持續攪拌約20～25分鐘，直到皂液達到Trace的程度（看起來像美乃滋一樣，在皂液表面畫8可看見字體痕跡）。

7 將精油倒入皂液中，再持續攪拌300下。

E 調色&入模

8 將1000g的皂液平均分成2杯各500g。

9 將其中一杯皂液加入蕁麻葉粉攪拌均勻，調成綠色皂液備用。

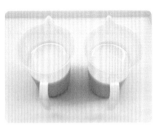

10 先將步驟8的500g原色皂液倒入模具，並放入皂條裝飾。

TIPS 若皂液不夠濃稠，可用電動攪拌器打1～2分鐘。

11 等待3～5分鐘後，用刮刀輔助，倒入步驟9的綠色皂液。

TIPS 在倒分層皂液時，必須利用刮刀輔助，緩衝皂液的衝擊力，否則很容易倒入下層的皂液，這樣分層就會出現不平整的波浪。

12 將手工皂放入保麗龍箱裡保溫1～3天。

TIPS 冬天時請將作品充分保溫，2～3天後再從保溫箱取出，可避免皂粉產生，也可避免鬆糕現象。

F 脫模

13 大部分的手工皂隔天就會成形，不過油品不同會影響脫模的時間，所以建議放置約3～7天再進行脫模。

14 脫模後，等風乾3天再進行切皂比較不會黏刀。

15 置於風乾處晾皂，約4～6星期後再使用。（使用前可用試紙測試pH值，若在9以下代表已皂化完全，可以使用囉！）

TIPS 請選用準確度高的試紙，才不會測不準喔！

澳洲胡桃修護乳皂

MACADAMIA OIL

低敏乳皂，各種年齡與膚質都適用！

製作難度 ★★★☆☆
使用技法 篩粉＋刮板＋
　　　　皂球運用

此款分層皂結合了很多不同的技巧和工具，首先利用在第　款「黑糖薑汁皂」（P.28）裡的篩粉技巧，製作出筆直的細線分層。倒入另一色皂液後，再利用鋸齒刮板，將皂液表面刮出鋸齒般的形狀，最後再放入皂球裝飾。

在製作這款分層皂時，一定要有耐心等待皂液皂化，讓皂液稍微定形之後，才能進行下一個步驟，做出層層分明的分層皂喔！

Note

澳洲胡桃油是娜娜媽最愛的油品，它的成分非常類似皮膚的油脂，因此非常溫和，不會刺激肌膚，使用起來也不會油膩。搭配具有修復肌膚效果的 β 胡蘿蔔素和促進新陳代謝的綠藻粉，是一款不分年齡都能使用的好皂。

示範模具		矽膠模 長 x 寬 x 高（cm） 20.5x9x6.5
使用工具	刮刀、鋸齒刮板、篩子	
INS 硬度	133	

配方 Material

油脂	澳洲胡桃油　550g 棕櫚核仁油　100g 篦麻油　50g
鹼液	氫氧化鈉　98g 母乳冰塊　230g
精油	馬鞭草花園複方精油　14g（約 280 滴）
添加物	有機胭脂樹粉　3g β 胡蘿蔔素　7g 綠藻粉　5g 白色圓形皂球（剩餘的皂邊揉成）

※ 以上材料約可做 10 塊 100g 的手工皂，如左圖大小。

作法

A 準備

1 將230g的母乳製成冰塊備用。

B 融油

2 將配方中的油脂全部量好混合。

TIPS 秋冬時，棕櫚核仁油等固態的油脂須先隔水加熱後，再與其他液態油脂混合。

C 溶鹼

3 將步驟1的母乳冰塊，置於不鏽鋼鍋中，再將98g氫氧化鈉分3～4次加入冰塊中快速攪拌（每次約間隔30秒），直到氫氧化鈉完全溶解。

TIPS 製作鹼液時溫度會快速升高，若出現白色煙霧，請小心避免吸入。

D 打皂

4 將步驟3完成的鹼液邊攪拌邊倒入步驟2的油脂中，順便檢查是否還有未溶解的氫氧化鈉。

TIPS 混合前用溫度計分別測量油脂和鹼液的溫度，二者皆在35℃以下，且溫差在10℃之內，即可混合。

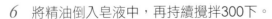

5 持續攪拌約20～25分鐘，直到皂液達到Trace的程度（看起來像美乃滋一樣，在皂液表面畫8可看見字體痕跡）。

6 將精油倒入皂液中，再持續攪拌300下。

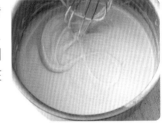

E 調色

7 將1000g的皂液平均分成3杯。

8 將其中一杯皂液加入過篩過的有機胭脂樹粉，攪拌均勻，再加入7g β 胡蘿蔔素，另一杯則加入5g綠藻粉，調成一杯橘色、一杯綠色皂液備用。

F 入模

9 將步驟8的橘色皂液先用電動攪拌器打1～2分鐘後倒入模具中，左右搖動模具使皂液平整，待3～5分鐘後，用小濾網將綠藻粉過篩，平均灑在每一個角落。

TIPS 篩粉只要薄薄的一層就好，粉太多會讓分層斷裂。

G 分層

10 將步驟7的原色皂用電動攪拌器打1～2分鐘後，再用刮刀輔助，讓皂液慢慢倒入模具。

TIPS 在倒分層皂液時，必須利用刮刀輔助，緩衝皂液的衝擊力，否則很容易倒入下層的皂液，這樣分層就會出現不平整的波浪。

11 等待約5分鐘，用鋸齒刮板在原色皂液表面，由左至右刮出線條。

12 用刮刀輔助，倒入步驟8的綠色皂液，倒完後用刮刀將皂液表面鋪平，再放上事先準備好的白色皂球做裝飾即完成。

TIPS 乳皂保溫或不保溫皆可，因為本身有乳脂肪，皂化溫度會比水做的皂化溫度高，冬天可以蓋上一層保鮮膜，防止皂粉出現。

H 脫模

13 大部分的手工皂隔天就會成形，不過油品不同會影響脫模的時間，所以建議放置約3～7天再進行脫模。

14 脫模後，等風乾3天再進行切皂比較不會黏刀。

15 置於風乾處晾皂，約4～6星期後再使用。（使用前可用試紙測試pH值，若在9以下代表已皂化完全，可以使用囉！）

TIPS 請選用準確度高的試紙，才不會測不準喔！

PART3
神奇渲染皂

—— 千變萬化的渲染花紋，讓人深深著迷！

【示範達人—季　芸】

利用竹籤、溫度計、小刮刀，任意畫出線條，
渲染出自我風格！

達人介紹──季 芸

每一次的渲染
都充滿無比驚奇

幾年前，為了想要紓解工作壓力而接觸了手工皂，剛開始只是單純覺得可以從手作的過程中，得到心靈的放鬆，後來發現手工皂對於肌膚相當不錯，連困擾我多年的脂漏性皮膚炎也得到了改善，於是我在手工皂的世界裡越陷越深，還變成我的主要事業。

自然美麗的渲染紋路，一做就愛上！

很多人問我，為什麼在這麼多手工皂的技巧和作法中，對渲染皂情有獨鍾呢？渲染皂自然又豐富的美麗紋路，總讓我著迷不已，在製作與創作過程中，更是充滿了期待與驚奇感。隨著倒皂沖皂的力道不同、勾勒線條的手感不同，讓每一次做的皂都會呈現不同的變化，唯有等到切皂時，你才能一窺最終完成的花色樣貌，這種純手感帶來的驚奇與樂趣，讓我深深著迷。

不要害怕失敗，即使失敗了仍然是一塊好皂！

很多初次接觸渲染皂的人，都會感到害怕，深怕一不小心，就會破壞作品的美觀。其實渲染皂並不難，只要控制好皂液濃度、配色，接下來透過不斷的練習，掌握到手感與勾勒線條的技巧後，就能在每次的成品中得到進步。

在教學的過程中，我會叮嚀大家要小心翼翼地操作，不過也不用過於擔心害怕，即使失敗了，作品仍然會有一種不完美的美感，而且它還是一塊好洗

渲染皂達人
季芸

工作室位於新竹竹北，授課內容包括手工皂基本教學、母乳皂、創意分層、進階渲染皂、全方位液體皂以及母乳皂、手工皂代製等等。

經歷	新北市手工藝職業工會合格講師
	中華手工皂藝術協會合格講師
曾任	世界展望協會手工皂講師
	交通大學手工皂研習講師
	新竹市虎林、西門國小手工皂研習講師

芸皂坊手作：www.shop2000.com.tw/epinsoap/
部落格：epinsoap.pixnet.net/blog
FB：www.facebook.com/epin1010

好用的好皂，用來勉勵大家在做渲染皂時，可以保持著仔細細心的心情，但也不用過於緊張或求好心切，畢竟打皂是一件快樂的事啊！可不要變成一種負擔了！

一起感受渲染皂帶來的驚奇美好吧！

手工皂開啟了我的興趣，也開啟了我的新事業，有時一整天待在工作室裡打皂做皂，就充滿了無比幸福，也因為教學課程，「以皂會友」認識了來自各地的朋友，藉由作皂彼此交流，也讓更多人知道手工皂的好處。也許你是第一次作皂的新手皂友，觀迎你加入手工皂的世界，也邀請你一定要試試製作渲染皂，它帶來的驚奇與喜悅，絕對超乎你的想像！

成功做出美麗渲染皂 掌握四大重點，

想要做出美麗的渲染皂其實並不難，
只要掌握幾個重點，
準備好合適的工具和材料，
是成功渲染的首要條件。

POINT 1　選擇大面積的模具

新手在練習渲染技法時，常常會面臨到的第一個問題是：我該選購哪一種渲染模具呢？我常建議渲染新手選購面積大一點的渲染模，模具的深度則是深淺不拘，可以幫助在渲染時更得心應手。

常見的渲染模具：

❶ 淺模（高度約 3.5～4.5cm）：渲染新手必備

面積大的淺模，是一般人做渲染皂時最易掌握上手的模具。大面積可以製作出多變的渲染花紋，不過要注意因為面積較大，需特別注意保溫問題。

❷ 深模（高度約 6～8cm）：製作出成對的圖形

面積較大、較深的深模，也是做渲染皂時常用的模具，如果對於淺模的操作練習已經上手的人，可以試試看使用深模操作。利用深模製作出的皂，將其對半切後就能擁有成對的圖形。因為深度深，沖皂時不容易倒到底部，容易造成底部較無法顯色。

❸ 吐司模：適合渲染熟練者使用

吐司模是市面上很容易買到的模具，雖然也可以做渲染皂，但因為形狀過於狹窄，勾勒線條較容易受到限制，增加操作時的難度，又深又窄的模具操作時的失敗率很高，所以建議大家熟練後再使用吐司模做渲染。

❹ **四穴模**：適合不被切開的皂款使用

　　四穴模每格約可容納 100g 皂液左右，非常適合新手練習使用，可以練習倒圓的技巧，皂款脫模後完整度相當高，建議要脫模前先冰在冷凍庫約 1～2 小時後再取出脫模，可避免皂體因為脫模而變形。

Point2 運用粗細不同的工具，畫出美麗線條

　　渲染工具的選擇上並沒有太大的限制，通常習慣以**溫度計、刮刀或竹籤**等等可以隨手取得的工具即可。不過利用溫度計操作時，要小心避免用力過度造成溫度計破裂，或是可以用筷子取代溫度計，一樣能達到同樣的效果。

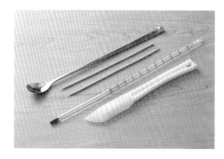

　　建議大家也可以多嘗試不同種類的渲染工具，從中找出自己喜歡的工具所畫出的線條效果。

Point3 避免使用會加速皂化的油脂＆精油

　　當皂液太快皂化時，會因為來不及渲染而失敗，所以在油脂與精油的選擇上，都要盡量避免使用會加速皂化的產品。例如：**未精緻乳油木果脂、未精緻可可脂、浸泡油、蜜蠟、米糠油、蓖麻油**等等；有些精油也會加速皂化，建議要使用之前先測試過確定不會加速皂化才可以使用。

Point4 掌握粉類的特色，調配出美麗色彩

　　在調色與配色之前，一定要先了解粉類的特性。我們一般可將調色粉分成五大類：**植物粉、礦物粉、珠光粉、色粉、色液**，植物粉較容易褪色，用量需較多；礦物粉、珠光粉和色粉因為比重關係，用量只需要

植物粉的一半，就可以達到效果。在粉類的用量上建議使用長柄湯匙做為單位數，就可以精準算出所需要用的量。

渲染技法&技巧

在本書示範的 6 款渲染皂裡，各用了不同的渲染技法，以下便一一介紹它們不同的畫法及重點之處。

● 葉子渲染法　　工具：小刮刀、溫度計　　　示範：P.60

Step1 用小刮刀左右來回畫出橫向 S 線條。

Step2 使用溫度計上下來回畫出直向 U 線條。

● 斜角葉子渲染法　　工具：小刮刀、溫度計　　示範：P.64

Step1 用小刮刀左右來回畫出橫向 S 線條。

Step2 使用溫度計從模具 45 度角處開始畫 S 線條。

● S 型渲染法　　工具：小刮刀、溫度計　　　示範：P.68

Step1 用小刮刀左右來回畫出橫向 S 線條。

Step2 使用溫度計上下畫出直向大 S 線條。

● 側邊拉花渲染法　　工具：竹籤　　　　　示範：P.72

Step1 從四穴模角落倒入 4 層皂液左右，顏色要區隔開來。

Step2 用竹籤從模具角落往外拉出去再依續拉回來類似花瓣樣式。

● 孔雀渲染法　工具：小刮刀、溫度計　　　示範：P.76

Step1 用小刮刀左右來回畫出橫向 S 線條。

Step2 使用溫度計上下畫出直向 S 線條，要利用點碰點的相方式連接。

● 圓柱渲染法　工具：溫度計或竹籤　　　示範：P.80

Step1 在模具中心點倒入 4 ～ 8 層皂液左右，顏色要區隔開來。

Step2 使用溫度計或竹籤 先從 12、6、3、9 點鐘由外往中心點拉，再從模具四邊各 45 度角線往內拉，工具皆從中心點垂直往上離開即可。

渲染常見 Q&A

Q 渲染皂液要什麼樣的稠度才可以入模呢？

A 製作渲染皂時要特別注意，在調色前要打到 Light trace 的程度（用打蛋器可以寫出輕微 8 不會消失），調色後需確定皂液已經完全 Trace 才能渲染，若在 Light trace 時就渲染，容易造成皂化不完全，嚴重時會產生鬆糕的現象發生。

Q 在進行渲染皂操作時，皂液不容易倒到底部，怎麼辦？

A 除了選擇較淺的模具，建議在倒皂液時流量要大一點，皂液才能強而有力的沖到模具底部。

Q：渲染皂也可以做成乳皂嗎？

A 我會建議大家使用全乳或半乳皂來做渲染，不用擔心因為失溫導致鬆糕問題產生，完成後保溫或不保溫皆可，不僅較為方便，成功率也較高。

Q：為什麼要將純水製作冰塊呢？

A 氫氧化鈉在溶於水時，會產生刺鼻的氣味及高溫，若事前先將純水結成冰塊，這樣一來可以降低氫氧化鈉溶解時所產生的味道及高溫，在操作上也較安全。

備長炭清爽皂

CHARCOAL POWDER

對比色應用：備長炭粉 × 白色珠光粉

製作難度 ★☆☆☆☆
使用技法 葉子渲染法

這一款是運用基礎的葉子渲染技法，利用**備長炭粉**和白色珠光粉黑白雙色的搭配，呈現出對比強烈又乾淨俐落的視覺效果。

黑色的備長炭粉應用在渲染上總是令人又愛又恨，常常一不小心就容易讓皂體呈現出髒髒的感覺，不過大家也不用過於害怕，其實只**要利用簡單的線條，就能顯現出黑色的俐落個性**，如果你是渲染技法的新手，建議先從最簡單的葉子渲染法入門，一定能得到很大的成就感！

Note

備長炭粉**吸附油脂的能力很好，適合痘痘肌及油性肌膚使用**，而配方中的茶樹精油及薄荷精油能讓洗感更加清爽不油膩，是一款非常適合夏天使用的皂款。

示範模具	矽膠模 長x寬x高（cm） 24x18x6
使用工具	小刮刀、溫度計
INS 硬度	149

配方 Material

油脂	椰子油	250g	橄欖油	150g
	棕櫚油	300g	芥花油	100g
	甜杏仁油	200g		

鹼液	氫氧化鈉	150g	純水冰塊	375g

精油	茶樹精油	15g（約300滴）
	薄荷精油	15g（約300滴）

添加物	備長炭粉	2 平匙
	白色珠光粉	3 平匙

※ 以上材料約可做 12 塊 120g 的手工皂，如左圖大小。

作法

A 融油

1 將配方中的所有油脂量好混合後，加熱至35～40℃左右。

TIPS 若加熱溫度過高，需等溫度降下來後，再與鹼液混合。

B 溶鹼

2 準備375g純水製成冰塊。

3 將150g的氫氧化鈉分3～4次加入純水冰塊中快速攪拌，直到氫氧化鈉完全溶解。

C 打皂

4 將步驟3的鹼液分次慢慢倒入步驟1的油脂中，一邊用不鏽鋼打蛋器攪拌，將皂液攪拌到Light trace的程度（用打蛋器在皂液表面畫8，有輕微的痕跡且不會消失）即可。

5 加入精油後，再攪拌約3分鐘，使其充分混合。

D 調色

6 取出350g皂液加入2平匙備長炭粉、200g皂液加入3平匙白色珠光粉進行調色，調色時要慢慢地仔細攪拌，調出來的顏色才會均勻。

E 倒皂

7 先將原色皂液倒入模具中。

TIPS 需確定皂液已經Trace，才可以開始進行渲染。

8 將黑色皂液倒在左右兩側，白色皂液倒在中間。

TIPS 在倒入調色皂液時，手勢需由高到低並來回倒在同一條直線上。

F 渲染

9 使用小刮刀左右來回畫出橫向線條。

10 使用溫度計畫出直向U線條，U線條的間隔寬度可視個人喜好調整。

G 脫模

11 將完成作品放入保麗龍箱中保溫，約2～3天後即可取出，準備脫模。

TIPS 冬天時請將作品充分保溫，以避免產生鬆糕現象。

12 脫模後放置約1～2天後即可切皂，並進行晾皂，約45天後熟成即可使用。

TIPS 切完皂約3～5天後，可以利用修皂器將皂體表面的白粉修掉，即能呈現出漂亮的渲染線條喔！

紅礦泥去角質乳皂

REEF RED&PINK CLAY

漸層色搭配：紅礦泥粉 × 粉紅礦泥粉

製作難度 ★★☆☆☆
使用技法 斜角葉子渲染法

　　渲染千變萬化的線條總是讓人又驚又喜，這款葉子渲染的變化技法，是利用漸層的紅色與粉紅色礦泥粉相互搭配而成，拉出細如髮絲的線條，呈現出溫柔細緻的質感。

　　礦泥粉不易攪散，如果直接加入皂液中容易混合不均，或是會因為調色時間太長，導致皂液過稠，無法進行渲染，建議先將礦泥粉用 1：1 的純水調開後，再加入皂液中。

Note

　　礦泥粉具有去角質、吸附髒污的效果，而配方中的甜杏仁油對於肌膚則有良好的保濕力，起泡度也不錯，是敏感肌膚也適用的皂款。

示範模具		矽膠模 長 x 寬 x 高（cm） 24x18x6
使用工具	小刮刀、溫度計	
INS 硬度	147	

配方 Material

油脂	椰子油　200g	甜杏仁油　200g
	棕櫚油　300g	橄欖油　300g
鹼液	氫氧化鈉　148g	純水冰塊　185g
	母乳冰塊　185g	
精油	玫瑰天竺葵精油　25g（約 500 滴）	
	薰衣草精油　5g（約 100 滴）	
添加物	澳洲紅礦泥粉　2 平匙	
	法國粉紅礦泥粉　2 平匙	
	白色珠光粉　3 平匙	

※ 以上材料約可做 12 塊 120g 的手工皂，如左圖大小。

065

作法

A 融油

1 將配方中的所有油脂量好混合後，加熱至35～40℃左右。

TIPS 若加熱溫度過高，需等溫度降下來後，再與鹼液混合。

B 溶鹼

2 準備185g純水製成冰塊；將185g母乳製作成冰塊。

3 將148g的氫氧化鈉分3～4次加入到純水冰塊中快速攪拌，直到氫氧化鈉完全溶解。

4 待鹼液溫度降到40℃以下，再將185g母乳冰塊加入鋼杯中攪拌至溶解。

C 打皂

5 將步驟4的鹼液分次慢慢倒入步驟1的油脂中，一邊用不鏽鋼打蛋器攪拌，將皂液攪拌到Light trace的程度（用打蛋器在皂液表面畫8，有輕微的痕跡且不會消失）即可。

6 加入精油後，再攪拌約3分鐘，使其充分混合。

D 調色

7 取出三杯各200g的皂液，分別加入2平匙紅礦泥粉、2平匙粉紅礦泥粉、3平匙白色珠光粉進行調色，調色時要慢慢地仔細攪拌，調出來的顏色才會均勻。

TIPS 礦泥粉需要先用約1：1的純水調開後，再分次加入皂液調和，才不易結塊。

E 倒皂

8 將原色皂液倒入模具中。

TIPS 需確定皂液已經Trace，才可以開始進行渲染。

9 分別將紅色、白色、粉紅色的調色皂液倒入。

TIPS 在倒入調色皂液時，手勢需由高到低並來回倒在同一條直線上。

F 渲染

10 使用小刮刀左右來回畫出橫向線條。

11 使用溫度計從模具45度角的地方開始畫S線條。

G 脫模

12 此款皂的配方採用半乳的方式，完成後保溫或不保溫皆可，若不保溫，只需蓋上蓋子或者封好保鮮膜，靜置約2～3天，便可準備脫模。

13 脫模後放置約1～2天後即可切皂，並進行晾皂，約45天後熟成即可使用。

渲染皂小教室

這一款斜角葉子渲染法還有一種變化款，可以參考P.134的橄欖艾草浮水皂，先利用小刮刀左右來回畫出橫向線條後，用溫度計先畫出一條對角線，再輪流向左右兩邊來回畫出平行對角線的U字型線條，形成的葉子圖案就會有微妙的不同，是不是很神奇呢！

香草可可乳皂
COCOA POWDER

突顯單一色系：可可粉 × 白色珠光粉

製作難度 ★★★☆☆
使用技法 S型渲染法

　　可可粉本身帶有很濃郁的巧克力味道，入皂後散發的香氣相當的舒服迷人。利用咖啡色的皂液，隨意勾勒出簡單的S線條，展現出大器沉穩的感覺。

　　建議使用精緻過的乳油木果脂，可以避免皂化過快而來不及渲染。渲染的顏色分配可以使用強烈的對比色系，會讓線條更加明顯突出，像是咖啡色配白色或者橘色配黑色等等。

Note

　　乳油木果脂的保濕效果佳，適合中乾性肌膚使用，洗後舒服不緊繃。精油方面選擇甜橙以及白香草，讓這款皂散發甜甜的可可氣味。

示範模具	矽膠模 長 x 寬 x 高（cm） 27x15.5x4.5
使用工具	小刮刀、溫度計
INS 硬度	139

配方 Material

油脂	椰子油　150g 棕櫚油　250g 精緻乳油木果脂　100g	甜杏仁油　200g 橄欖油　300g
鹼液	氫氧化鈉　144g 母乳冰塊　180g	純水冰塊　180g
精油	甜橙精油　20g（約400滴） Miaroma 白香草　5g（約100滴）	
添加物	可可粉　4 平匙 白色珠光粉　3 平匙	

※ 以上材料約可做 12 塊 120g 的手工皂，如左圖大小。

作法

1 將配方中的所有油脂量好混合，因配方中含有乳油木果脂，故需加熱至45～50℃，待乳油木果脂融解完畢，油溫降到約35～40℃後即可與鹼液混合。

2 準備180g純水製成冰塊；將180g母乳製作成冰塊。

3 將144g的氫氧化鈉分3～4次加入純水冰塊中快速攪拌，直到氫氧化鈉全部溶解。

4 待溫度降到40℃以下，再將180g母乳冰塊加入鋼杯中攪拌至溶解。

5 將步驟4的鹼液分次慢慢倒入步驟1的油脂中，一邊用不鏽鋼打蛋器攪拌，將皂液攪拌到Light trace的程度（用打蛋器在皂液表面畫8，有輕微的痕跡且不會消失）即可。

6 加入精油後，再攪拌約3分鐘，使其充分混合。

7 取出350g皂液加入4平匙可可粉、180g皂液加入3平匙白色珠光粉進行調色，調色時要慢慢地仔細攪拌，調出來的顏色才會均勻。

E 倒皂

8 將原色皂液倒入模具中。

TIPS 需確定皂液已經Trace，才可以開始進行渲染。

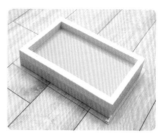

9 將咖啡色皂液倒在左右兩側，白色皂液倒在中間。

TIPS 在倒入調色皂液時，手勢需由高到低並來回倒在同一條直線上。

F 渲染

10 使用小刮刀左右來回畫出橫向線條。

11 使用溫度計從模具上方開始畫大S線條，約畫2～3條左右。

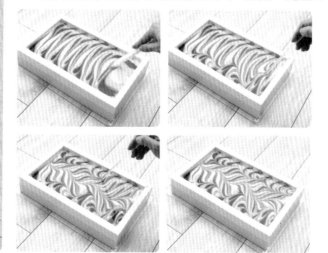

G 脫模

12 此款皂的配方採用半乳的方式，完成後保溫或不保溫皆可，若不保溫，只需蓋上蓋子或者封好保鮮膜，靜置約2～3天，便可準備脫模。

13 脫模後放置約1～2天後即可切皂，並進行晾皂，約45天後熟成即可使用。

橄欖保濕乳皂

GRADIENT OR CONTRASTING COLORS

柔和漸層色 VS. 搶眼對比色

製作難度 ★★★☆☆
使用技法 側邊拉花渲染法

　　這款拉花造型的渲染法並不難，只要掌握幾個小技巧：❶ 使用小型模具，並以竹籤當作渲染工具，呈現出細緻的作品；❷ 偏軟材質的矽膠模脫模前需先冰在冷凍庫，約 2 小時後再取出脫模，可以避免皂體受損；❸ 倒入皂液時，需由角落往外擴，拉出來的花形會較飽滿好看；❹ 不論使用同色系的漸層色或是對比色的搭配，作品都能呈現出非常好的效果喔！

　　用四穴模拉花的好處是不用擔心切皂時會把漂亮的圖案切割掉，可以完整保留住花色，新手也可以利用四穴模重覆練習拉花，包准進步神速喔！

Note

　　這款橄欖保濕皂雖然只用了三款油品，但橄欖油含有豐富的維他命 E、蛋白質以及礦物質脂肪酸，入皂後的表現相當優越，對於皮膚有相當好的保濕力及滋潤度，搓揉出來的泡泡細小但卻相當持久，若是皮膚乾癢的人一定要試試看這款皂！

示範模具	四穴模 x2 長 x 寬 x 高（cm） 6.5x6.5x3（每小格）
使用工具	竹籤
INS 硬度	151

配方 Material

油脂	椰子油	100g	橄欖油	225g
	棕櫚油	175g		
鹼液	氫氧化鈉	74g	純水冰塊	93g
	母乳冰塊	93g		
精油	薰衣草精油	10g（約 200 滴）		
	迷迭香精油	5g（約 100 滴）		
添加物	澳洲紅礦泥粉	1 平匙		
	法國粉礦泥粉	1 平匙		
	白色珠光粉	1 平匙		

073

※ 以上材料約可做 8 塊 95g 的手工皂，如左圖大小。

作法

A 融油

1 將配方中的所有油脂量好混合後，加熱至35～40℃左右。

TIPS 若加熱溫度過高，需等溫度降下來後，再與鹼液混合。

B 溶鹼

2 準備93g純水製成冰塊；將93g母乳製作成冰塊。

3 將74g的氫氧化鈉分3～4次加入純水冰塊中快速攪拌，直到氫氧化鈉全部溶解。

4 待溫度降到40℃以下，再將93g母乳冰塊加入鋼杯中攪拌至溶解。

C 打皂

5 將步驟4的鹼液分次慢慢倒入步驟1的油脂中，一邊用不鏽鋼打蛋器攪拌，將皂液攪拌到Light trace的程度（用打蛋器在皂液表面畫8，有輕微的痕跡且不會消失）即可。

6 加入精油後，再攪拌約3分鐘，使其充分混合。

D 調色

7 取出三杯各80g的皂液，分別加入1平匙紅礦泥粉、1平匙粉紅礦泥粉、1平匙白色珠光粉進行調色，調色時要慢慢地仔細攪拌，調出來的顏色才會均勻。

TIPS 礦物粉需要先用約1:1的純水調開後，再分次加入皂液中調和，才不易結塊。

E 倒皂

8 先將原色皂液倒入模具中約六分滿即可。

TIPS 需確定原色皂液已經Trace，才可以開始進行渲染。

9 將調色好的皂液從正方型模具的角落倒入，顏色依序為：紅色→白色→粉色→紅色。

TIPS 倒入的顏色順序可依個人喜好搭配。

F 渲染

10 使用竹籤拉出四瓣拉花，詳細畫法可參考P.58側邊拉花渲染法。

G 脫模

12 此款皂的配方採用半乳的方式，完成後保溫或不保溫皆可，若不保溫，只需蓋上蓋子或者封好保鮮膜，靜置約2～3天，便可準備脫模。

13 脫模後放置約1～2天後即可切皂，並進行晾皂，約45天後熟成即可使用。

渲染皂小教室

一般冷製皂的配方，正常情況水量計算約為氫氧化鈉的 2.3 ～ 2.6 倍左右，例如配方中的氫氧化鈉為 74g，水量計算＝ 74g×2.5 倍＝ 185g

半乳皂就是將水量分一半給乳類，以上述例子來說，也就是 185g÷2 ＝ 92.5g，即取純水冰塊 93g、母乳冰塊 93g。

孔雀榛果乳皂

PEACOCK PATTERN

濃烈色彩運用：青黛粉 ×β 胡蘿蔔素

製作難度 ★★★★★
使用技法 孔雀渲染法

　　「孔雀渲」是大家相當喜愛的渲染經典款，它的圖案看似簡單，操作起來卻是具有難度。試著掌握以下的小技巧，你也可能做出美麗的孔雀渲：❶ 選用大面積的渲染模具，充足的空間有利於成功渲染、❷ 倒皂時的間隔縮小，盡量倒出多條直線、❸ 色調搭配上，建議選擇較鮮豔及對比強烈的顏色，會更加突顯主題，例如備長炭粉、β 胡蘿蔔素、可可粉、礦泥粉等等都是很好表現的色彩。此款皂使用帶有濃烈色彩的 β 胡蘿蔔素，讓孔雀渲的效果更漂亮。

Note

　　此款皂適合中性膚質，榛果油和橄欖油屬於不飽和脂肪酸種類，都含有豐富的油酸，對於皮膚上能夠帶來良好的保濕效果，而且泡泡細緻穩定，能帶來很好的洗感。

示範模具		矽膠模 長 x 寬 x 高（cm） 25.5x26.5x4.5
使用工具	小刮刀、溫度計	
INS 硬度	147	

配方 Material

油脂	椰子油　240g	橄欖油　360g
	棕櫚油　360g	榛果油　240g
鹼液	氫氧化鈉　177g	純水冰塊　220g
	母乳冰塊　220g	
精油	苦橙葉精油　20g（約 400 滴）	
	薰衣草精油　16g（約 320 滴）	
添加物	青黛粉　1 平匙	
	白色珠光粉　3 平匙	
	β 胡蘿蔔素（液態膏狀）少許	

※ 以上材料約可做 12 塊 150g 的手工皂，如左圖大小。

作法

A 融油

1 將配方中的所有油脂量好混合後，加熱至35～40℃左右。

TIPS 若加熱溫度過高，需等溫度降下來後，再與鹼液混合。

B 溶鹼

2 準備220g純水製成冰塊；將220g母乳製作成冰塊。

3 將177g的氫氧化鈉分3～4次加入純水冰塊中快速攪拌，直到氫氧化鈉全部溶解。

4 待溫度降到40℃以下，再將220g母乳冰塊加入鋼杯中攪拌至溶解。

C 打皂

5 將步驟4的鹼液分次慢慢倒入步驟1的油脂中，一邊用不鏽鋼打蛋器攪拌，將皂液攪拌到Light trace的程度（用打蛋器在皂液表面畫8，有輕微的痕跡且不會消失）即可。

6 加入精油後，再攪拌約3分鐘使其充分混合。

D 調色

7 取出三杯各250g的皂液，分別加入1平匙青黛粉、3平匙白色珠光粉、少許胡蘿蔔液進行調色，調色時要慢慢地仔細攪拌，調出來的顏色才會均勻。

E 倒皂

8 將原色皂液倒入模具中。

TIPS 需確定皂液已經Trace，才可以開始進行渲染。

9 倒入調色皂液，顏色依序為：橘色→白色 →靛藍色。

TIPS 在倒入調色皂液時，手勢需由高到低並來回倒在同一條直線上。

F 渲染

10 使用小刮刀左右來回畫出橫向線條。

11 使用溫度計在模具最上端開始畫S線條，然後第二次再畫反方向的S，利用點碰點的方式即可完成。

G 脫模

12 此款皂的配方採用半乳的方式，完成後保溫或不保溫皆可，若不保溫，只需蓋上蓋子或者封好保鮮膜，靜置約2～3天，便可準備脫模。

13 脫模後放置約1～2天後即可切皂，並進行晾皂，約45天後熟成即可使用。

TIPS 切皂時建議切成長方形，才能保留住大面積的孔雀渲圖案。

酪梨滋養乳皂
AVOCADO OIL

淺色系三色變化：藍、綠、白珠光粉

製作難度 ★★★★☆
使用技法 圓柱渲染法

渲染有趣的地方在於每次呈現的線條都會略有不同，即使是同一款花色，每次都有不同的驚喜出現。這款拉花在配色上使用淺色調，皂液中只加入少許的珠光粉，就可以達到很柔和的視覺效果。要特別注意調色時不要一次加入太多粉量，以免皂液顏色過深。

Note

在配方的選擇上，加入了橄欖油與酪梨油，能帶來相當滋潤的洗感，很適合中乾性肌膚。醒目薰衣草精油，具調整平衡身心的力量，可以安定情緒、舒緩壓力，使用來泡澡也是不錯的選擇。

示範模具		矽膠模 長x寬x高（cm） 27x15.5x4.5
使用工具	溫度計或竹籤	
INS 硬度	147	

配方 Material

油脂	椰子油 200g	橄欖油 300g
	棕櫚油 300g	蓖麻油 50g
	精緻酪梨油 150g	

鹼液	氫氧化鈉 147g	純水冰塊 184g
	母乳冰塊 184g	

精油	醒目薰衣草精油 30g（約 600 滴）

添加物	藍色珠光粉 1 平匙
	綠色珠光粉 1 平匙
	白色珠光粉 3 平匙

※ 以上材料約可做 12 塊 120g 的手工皂，如左圖大小。

作法

A 融油

1 將配方中的所有油脂量好混合後，加熱至 35～40℃左右。

TIPS 若加熱溫度過高，需等溫度降下來後，再與鹼液混合。

B 溶鹼

2 準備184g純水製成冰塊；將184g母乳製作成冰塊。

3 將147g的氫氧化鈉分3～4次加入純水冰塊中快速攪拌，直到氫氧化鈉全部溶解。

4 待溫度降到40℃以下，再將184g母乳冰塊加入鋼杯中攪拌至溶解。

C 打皂

5 將步驟4的鹼液分次慢慢倒入步驟1的油脂中，一邊用不鏽鋼打蛋器攪拌，將皂液攪拌到Light trace的程度（用打蛋器在皂液表面畫8，有輕微的痕跡且不會消失）即可。

6 加入精油後，再攪拌約3分鐘使其充分混合。

D 調色

7 取出三杯各200g的皂液，分別加入1平匙藍色珠光粉、1平匙綠色珠光粉、3平匙白色珠光粉進行調色，調色時要慢慢地仔細攪拌，調出來的顏色才會均勻。

E 倒皂

8 將調好的皂液從模具的中心點分次倒入，顏色依序為：
藍→白→綠→藍→白→綠→藍→白。

TIPS 倒入的顏色順序可依個人喜好搭配。

F 渲染

9 用溫度計或竹籤分別從12點、6點、3點、9點鍾方向，依序由外往中心點畫；用同樣的方式，再從模具四邊各45度角線由外往中心點畫。

G 脫模

10 此款皂的配方採用半乳的方式，完成作品後保溫或不保溫皆可，若不保溫，只需蓋上蓋子或者封好保鮮膜，靜置約2～3天，便可準備脫模。

11 脫模後放置約1～2天後即可切皂，並進行晾皂，約45天後熟成即可使用。

渲染皂小教室

在打皂時可以利用電動攪拌器來縮短打皂時間，建議油鹼混合後先手動用不鏽鋼打蛋器攪拌約15分鐘後，再換電動攪拌器。記得使用電動攪拌器時要與打蛋器交替使用，不要太心急反而讓皂液太濃稠，導致無法渲染喔！

PART4
可愛捲捲皂

P90

P94

P98

—— 利用片皂技巧，將手工皂捲成圓滾滾！

【示範達人—南和月】

P100

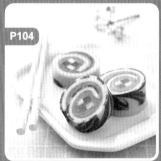

P104

P108

皂片的組合變化，讓捲捲皂變身成壽司、棒棒糖，
可愛的令人食指大動！

達人介紹——南和月

激發組合
與創意的捲捲皂

我非常喜愛各類手作，舉凡編織、烹飪、烘焙、木工等等，都有涉獵其中，在一次的手工皂體驗課程中，對氫氧化鈉和油脂的組合變化深深著迷，想像自己像一個女巫，調配著各式油脂與添加物，變化出溫和肌膚的實用清潔品而樂此不疲，從此便開始我的創皂生涯。

皂只有「好用」還不夠，還要「好看」！

在我打皂初期時，原料及工具並不像現在那麼多樣，採買上也有些不便，有些模具需向國外購買，價格也居高不下，在資源缺乏下，剛產出的皂寶寶都沒有亮麗的外表，呈現著不規則的模樣，當我滿心喜悅的與親朋好友分享時，對方卻露出一臉狐疑的表情說：「啊？這系啥米？能洗嗎？」

我的心情就像從天堂掉入地獄一般，down 到谷底⋯⋯，為了推廣手工皂，讓大家知道它的好，並為我們的環境盡一份心力，除了實用之外我開始致力於美化皂的外型，希望吸引大家的目光，進而也愛上手工皂！

首創「片皂」技法，做出可愛捲捲皂！

「工欲善其事，必先利其器」，為了讓皂體能工整，所以利用矽膠吐司模，讓手工皂都能方方正正的；為了把表面修飾的更美觀，運用了自己 DIY 的線刀，獨創技法將白粉一次修掉。在無意間創作時發現，竟可用烘焙做瑞士捲的技

捲捲皂達人
南和月 | 於台中市開設「南和月生活概念館」，提供手工皂材料、工具及多元教學服務。

經歷　新北市手工藝職業工會手工皂講師
　　　　長億高中手工皂講師
　　　　樹義國小手工皂講師
　　　　南和社區發展協會手工皂講師
　　　　自閉症協會手工皂講師
　　　　東海大學手工皂講師
　　　　南投文化局手工皂講師
　　　　艾莉絲才藝班手工皂講師

南和月手工皂： www.shop2000.com.tw/ 南和月
部落格： natto616.pixnet.net/blog
FB： www.facebook.com/heyuen

巧，把皂片捲起來，做出各式各樣的「皂型」，推出捲捲皂之後，立刻就受到大家的喜愛與歡迎。

　　手作是有共通性的，只要你熱愛手作，或是常常感到「手癢」想要做點東西，一定不能錯過「手工皂」這個選項，在手工皂領域裡的技法相當多元，只要學會「片皂技法」及「捲皂技巧」，就有無限的組合與創意。讓我們一起動手，享受這實用又有趣的歡樂捲捲皂，也希望藉由這本書，將我所研發的技法與技巧與大家一起分享交流！

大人小孩都能做的捲捲皂！
簡單又好玩！

很多喜歡製作手工皂的爸爸媽媽，也很想帶著小朋友一起做皂，但往往擔心在操作氫氧化鈉與鹼液時會有所危險，這時我會大力邀請親子學習捲捲皂，可以避開打皂過程，一同進行捲捲皂的創作。只要掌握下面三個重點，大人小孩都能做出漂亮不失敗的捲捲皂喔！

POINT 1　選擇寬度小於 12 公分的吐司模

製作捲皂並沒有絕對的配方，只要設計出 INS 硬度低於 145 的皂方，在正常的情況下都可操作。模具主要為吐司模，不僅好脫模又方正，皂體愈平整就愈能與工作墊密合，降低片皂失誤率。模具的寬度一定要小於 12 公分，因為線刀有寬度的限制，在長度上就無限制了，當皂片愈長或愈厚，捲起來的皂相對直徑就愈大。

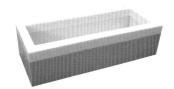

POINT 2　掌握線刀位置，製作厚薄一致的皂片

將皂液入模後，約 48 小時即可脫模片皂，片下來的皂如果一捲即裂也不用擔心，可能是油鹼結合尚未完全所造成，只要將脫模後的皂條用塑膠袋包覆起來，不要接觸到空氣也不要晾皂，隔 3 ～ 4 天後再進行操作即可。

片皂時一定要心平氣和，線刀的兩個端點不可離開工作墊，若離開工作墊代表基準位移，片出來的皂片一定會厚薄不一，而且還會影響到下一片的平整度，就算勉強捲起來，做出來的捲捲皂也會變形或是無法密合。

Point 3 雙手施力一致，避免皂體滑動

　　捲皂時力道要拿捏好，雙手像捲壽司般慢慢的把
組合好的皂片往前捲。起始點一定要做好，後續動
作才能順利進行，切記不要用單手將皂體往前推進，
避免施力不均、皂體的形狀也較不完美。

捲捲皂常見 Q&A

Q 母乳皂或渲染皂可以做捲捲皂嗎？

A 只要 INS 值低於 145，不論是母乳皂、半乳皂、羊奶皂、豆漿皂、渲染皂等等，
皆可以做成捲捲皂，渲染皂體做出的捲捲皂別有一番風味喔！家事皂或高比例
的椰子油皂所呈現的皂體都過硬，若強行片皂，線刀很容易斷裂。

Q 何時是捲皂的最佳時機呢？

A 通常在油鹼結合穩定後，及皂體尚未硬化時，是捲皂的最佳時機，因為每批油
脂成分略有差異，或是天候環境不同也會有所影響，所以無法有確切的時間
表。通常 7 天內都有可能，甚至有些 20 天後也還可以進行捲皂，但前提是不
能晾皂。
通常在冷油冷鹼模式下操作的皂體，油鹼反應比較慢，依我的經驗需等待約 6
天後，讓皂體的 Q 度顯現才能進行操作。

Q：為什麼片好的皂片厚薄不一呢？

A 原因可能有二，一是拿線刀的手不夠穩，使線刀其中一端離開桌面，基準位移
時，皂片就會呈現不平的狀況；二是桌面凹凸不平，工作墊下或是皂體與工作
墊間有皂屑，都會影響其平整性。

Q：做皂時多餘的皂邊要如何處理呢？

A 秉持著環保不浪費的精神，相信大家看到片壞的皂片
或修下來的皂邊一定捨不得丟掉，其實這些皂邊可以
再善加利用，賦予它們新生命。
若是修下來的小皂片，可以將兩片再組合起來，做成
迷你捲捲皂，當作填充物入皂，也可以揉成皂土或皂
球，將它們串成一串，掛起來當洗手皂也非常可愛，
揉捏成皂餅再蓋個皂章也會令人眼睛為之一亮喔！

瑞士捲之扁形捲捲皂

SWISS ROLL

入門基礎,體驗手感超簡單!

製作難度 ★☆☆☆☆
使用技法 兩片捲
　　　　　扁形捲法

　　稱這款為「捲皂」,倒不如説它是「半摺半捲」來得貼切。兩片捲的扁形皂款是捲捲皂的入門基礎,扁形會比圓形來得容易操作,在我授課的過程中也是從扁形開始操作,讓學員先感受皂體的軟 Q 度,進而熟悉手感,之後做起圓形的捲皂就得心應手多了。

　　捲皂的大小與皂片的長度及片數成正比,愈長、愈厚或愈多片所做出來的捲捲皂直徑也就愈大,當你學會基本技法之後,不論是兩片、三片、四片或是扁形、圓形都非難事!

Note

此款天然皂適合中性偏乾膚質使用,添加甜杏仁油與乳油木,對肌膚具有保濕與滋潤雙重效果,粉類的添加可以視個人喜好的顏色而定,讓你的捲捲皂更繽紛喔!

示範模具		矽膠模 長x寬x高(cm) 25x8x6
使用工具	工作墊、線刀、刮板、切皂台、電動攪拌器	
INS 硬度	133	

配方 Material

油脂	椰子油	120g	棕櫚油	160g
	橄欖油	200g	甜杏仁油	160g
	米糠油	80g	乳油木果脂	80g
鹼液	氫氧化鈉	114g		
	純水冰塊	300g		
添加物	備長碳粉	6g		

作法

A 基礎打皂步驟

1 準備300g純水製成冰塊。

2 將114g的氫氧化鈉分3～4次加入冰塊中快速攪拌，直到氫氧化鈉完全溶解。

3 將配方中的油脂全部量好，先將乳油木放入不鏽鋼鍋中隔水加熱，融解後加入軟油讓油脂充分混合，並加熱至45℃左右。

TIPS 秋冬時，椰子油和棕櫚油等固態的油脂須先隔水加熱後，再與其他液態油脂混合。

4 將步驟2的鹼液分次慢慢倒入步驟3的油脂中，一邊用不鏽鋼打蛋器攪拌，順便檢查是否還有未溶解的氫氧化鈉。

5 持續攪拌，直到皂液變稠（在皂液表面畫8可看見輕微字體痕跡）。

B 調色&入模

6 將一半的皂液加入6g備長炭粉，攪拌均勻備用。

7 將原色皂液先用電動攪拌器打1～2分鐘，使皂液變稠後倒入模具中。

8 靜置5分鐘，確定皂液已呈現不會流動的狀態，即可將黑色皂液倒入（可以用長柄湯匙輔助慢慢倒入），即完成黑白分層皂。

C 脫模&片皂

9 將做好的黑白分層皂放置48小時後脫膜。

10 脫模後不可晾皂，趁皂尚未變硬，放在平坦的工作墊上，利用線刀來片皂，片完一片之後將皂反過來再片另一個顏色。

D 貼合

11 將一黑一白的皂片重疊，二片之間的距離需相差大約一指寬。

12 用手指將上層的黑色皂片往下抹平，使上下兩層的皂片貼合。

E 捲皂

13 將下層的白色皂片往上摺起，並用手指抹平兩片皂片，使皂片緊密貼合。

14 將皂片往前捲起，注意力道要平均，並小心維持皂片的緊密。

F 封口

15 捲好後，將內層多出來的皂片用刮板切斷。

TIPS 內層皂片的長度要短於外層皂片，封口才會漂亮。

G 修飾

16 將完成的捲捲皂放入切皂台中，用線刀將不平整的皂邊切除即可。

17 將切好的捲捲皂置於風乾處晾皂，約4～6星期後再使用。

圓滾滾的可愛捲捲皂

LOLLIPOP SOAP

圓形捲捲皂，像極了可愛的棒棒糖！

製作難度 ★★☆☆☆
使用技法 兩片捲
　　　　 圓形捲法

　　有了製作扁形兩片捲的經驗後，相信對皂體的手感已經有更進一步了解，這款圓形兩片捲和扁形兩片捲最大的差異，在於捲皂開始時，皂片的排列距離，扁形是兩片皂片相距一指寬，圓形則是距離 3mm。距離愈短，捲出來的圓柱體會更圓、更好看。

　　圓形捲捲皂完成後可以做成小朋友最喜愛的棒棒糖，只要將捲捲皂切成約 2cm 厚度，再插上冰棒棍即可。切記要標明清楚「手工皂，請勿食用」等字樣，並且要叮嚀小朋友，避免誤食。

Note

此款皂的配方與P.90瑞士捲之扁形捲捲皂相同，適合中性偏乾膚質使用，添加甜杏仁油與乳油木，對肌膚具有保濕與滋潤雙重效果，粉類的添加可以視個人喜好的顏色而定，讓你的捲捲皂更繽紛喔！

示範模具	 矽膠模 長x寬x高（cm） 25x8x6
使用工具	工作墊、線刀、刮板、切皂台、電動攪拌器
INS 硬度	133

配方 Material

油脂	椰子油	120g	棕櫚油	160g
	橄欖油	200g	甜杏仁油	160g
	米糠油	80g	乳油木果脂	80g
鹼液	氫氧化鈉	114g		
	純水冰塊	300g		
添加物	備長碳粉	6g		

作法

A 基礎打皂步驟

1 準備300g純水製成冰塊。

2 將114g的氫氧化鈉分3～4次加入冰塊中快速攪拌，直到氫氧化鈉完全溶解。

3 將配方中的油脂全部量好，先將乳油木放入不鏽鋼鍋中隔水加熱，融解後加入軟油讓油脂充分混合，並加熱至45℃左右。

TIPS 秋冬時，椰子油和棕櫚油等固態的油脂須先隔水加熱後，再與其他液態油脂混合。

4 將步驟2的鹼液分次慢慢倒入步驟3的油脂中，一邊用不鏽鋼打蛋器攪拌，順便檢查是否還有未溶解的氫氧化鈉。

5 持續攪拌，直到皂液變稠（在皂液表面畫8可看見輕微字體痕跡）。

B 調色&入模

6 將一半的皂液加入6g備長炭粉，攪拌均勻備用。

7 將原色皂液先用電動攪拌器打1～2分鐘，使皂液變稠後倒入模具中。

8 靜置5分鐘，確定皂液已呈現不會流動的狀態，即可將黑色皂液倒入（可以用長柄湯匙輔助慢慢倒入），即完成黑白分層皂。

C 脫模&片皂

9 將做好的黑白分層皂放置48小時後脫膜。

10 脫模後不可晾皂，趁皂尚未變硬，放在平坦的工作墊上，利用線刀來片皂，片完一片之後將皂反過來再片另一個顏色。

F 貼合

11 將一黑一白的皂片重疊，二片之間的距離需相差大約3mm寬。

12 用手指將上層的白色皂片往下抹平，使上下兩層的皂片貼合。

G 捲皂

13 慢慢將兩片皂片塑成一個圓柱體，捲的時候記得要維持皂片的緊密。

H 封口

14 捲好後，將內層多出來的皂片用刮板切斷。

TIPS 內層皂片的長度要短於外層皂片，封口才會漂亮。

15 捲好後，將內層多出來的皂片用刮板切斷。

I 修飾

16 將完成的捲捲皂放入切皂台中，用線刀將不平整的皂邊切除即可。

17 將切好的捲捲皂置於風乾處晾皂，約4～6星期後再使用。

馬賽克拼貼捲捲皂
COLLAGE STYLE

捲皂外型拼貼，各種圖案都可以！

製作難度 ★★★☆☆
使用技法 鑲嵌技法

　咦？捲皂也能貼磁磚呀！沒錯，我們可以運用烘焙的工具──各種不同形狀的彈簧壓模，不但能將捲皂貼成馬賽克磁磚，也能讓捲捲皂充滿愛心或星星的圖案，運用些小技巧，讓捲皂多些變化，可愛又有趣！

A 鏤空＆鑲嵌

1　任取一塊素面的捲皂，利用彈簧壓模，將表面的白色皂片取出。

2　將咖啡色皂片利用同樣的彈簧壓模，將皂片取出。

3　將咖啡色皂片回填於皂體，並依個人喜好重覆以上動作。

TIPS 小皂片要趁著皂體尚有黏性時回填才不易掉落，若會掉落可以沾些純水增加黏性。

捲捲皂小教室

可以利用其他造型的壓模讓捲捲皂更有皂型；各種圖案的小皂片也很適合當蛋糕皂的裝飾喔！

捲入漩渦捲捲皂

REUSE SOAP

皂邊重複再利用，變成可愛的皂中皂！

製作難度 ★★☆☆☆
使用技法 填充技法

在做皂時，難免會失誤或是修邊，而有多餘的小皂邊或小皂片，我們可以把這些皂邊集合再利用，轉化成另一個皂款的新風貌。處理皂邊的方式有很多，可以搓成像湯圓般的皂球或皂餅，或是整批再熱製。

這款皂是將裁切下來的小皂片及小皂邊組合在一起，再製成小捲捲皂，做成皂中皂，是不是也很可愛呢？

Note

這款由皂邊組合的捲捲皂，適合中性偏油的肌膚使用，皂方的主體很單純，油品也非常容易取得，所做出來的皂體堅硬厚實。以紅棕櫚油為素材之一，所呈現的色澤像陽光般的亮橙色令人喜愛，但也因自然反應其色澤會逐漸褪去。

示範模具		矽膠模 長x寬x高（cm） 10x8x7
使用工具	小皂邊、小皂片	
INS 硬度	164	

配方 Material

油脂	椰子油	80g
	橄欖油	100g
	紅棕櫚油	100g
鹼液	氫氧化鈉	43g
	純水冰塊	110g
添加物	小捲皂	適量

作法

A 準備

1　準備110g純水製成冰塊。

2　將43g的氫氧化鈉分次加入冰塊中攪拌，直到氫氧化鈉完全溶解。

B 融油

3　將配方中的油脂全部量好加熱至45℃左右。

TIPS 秋冬時，椰子油和棕櫚油等固態的油脂須先隔水加熱後，再與其他液態油脂混合。

TIPS 若加熱溫度過高，需等溫度降下來後，再與鹼液混合。

C 打皂

4　將步驟A的鹼液分次慢慢倒入步驟B的油脂中，一邊用不鏽鋼打蛋器攪拌，順便檢查是否還有未溶解的氫氧化鈉。

5　持續攪拌，直到皂液變稠（在皂液表面畫8可看見輕微字體痕跡）。

D 捲皂

6　取兩片不同顏色的小皂片，捲出小小的捲皂。

7　也可利用皂邊搓揉成的皂土、塗抹於皂片中再捲成小捲皂。

TIPS 建議先將小捲皂做好備用，才不會手忙腳亂。

E 入模

8 先將小皂捲排列於模形中，再倒入皂液填滿模形。

F 脫模

9 放入保麗龍箱保溫1～2天後即可脫模。

TIPS 冬天時請將作品充分保溫，以避免產生鬆糕現象。

TIPS 紅棕櫚油會把模子染成黃色，這是正常現象，皂體的顏色也會隨著時間而變淡。

10 切皂時，需要以橫切面的方向切皂，才會有捲捲皂的花紋喔！

11 將捲捲皂置於風乾處晾皂，約4～6星期後再使用。

捲捲皂小教室

學會P.90和P.94的兩片捲之後，大家也可以挑戰三片捲，在顏色的配置上可以是A、B、C，亦可以A、B、A，但千萬不要A、A、A唷！圓形的四片捲對新手來說比較困難，因為片數多加上皂片與皂片之間距離短比較難控制，若是扁形就比較沒有這個問題。

學會基本技法之後，其實皂片與皂片組合的距離為一指寬或3mm，都只是個參考值，原則上，捲捲皂兩片間預留距離愈大，配合著手勢則皂形就愈扁，反之距離愈小就愈圓，可依個人喜好調整。

幸福壽司捲捲皂

SUSHI SOAP

腰帶渲染特殊紋路，變身美味的壽司捲！

製作難度 ★★★☆☆
使用技法 渲染法運用

此款皂型是用吐司模隔板做成的腰帶渲染皂，當成壽司外皮，加上一片白色皂片是為了增加外皮的厚度，在視覺效果上會比較美觀，而且在捲的過程中也不會因外皮太薄而裂開。壽司內餡是運用皂土和皂條結合，包在壽司外皮裡順勢捲上即可。

Note

此款皂適合中性偏乾膚質使用，添加紅棕櫚油，富含 β 胡蘿蔔素及維生素E，做出來的皂會呈現澄橘色澤，有益於改善受損的肌膚。備長碳可以潔淨毛細孔，溫和代謝角質，使肌膚亮麗有光彩。

示範模具		矽膠模＋隔板 長 x 寬 x 高（cm） 19x9x6.5
使用工具		工作墊、線刀、抹刀、切皂台、黑白皂塊、白色皂片、皂土
INS 硬度		144

配方 Material

油脂	橄欖油	160g	紅棕櫚油	100g
	篦麻油	25g	棕櫚核仁油	130g
	榛果油	85g		

鹼液	氫氧化鈉	71g
	純水冰塊	185g

精油	迷迭香精油	8g（約 160 滴）
	尤加利精油	4g（約 80 滴）

添加物	備長碳	2g	皂土	150g
	黑白雙色皂塊	50g		

作法

A 基礎打皂步驟

1 準備180g純水製成冰塊。

2 將70g的氫氧化鈉分3～4次加入冰塊中快速攪拌，直到氫氧化鈉完全溶解。

3 將配方中的油脂全部量好加熱至45℃左右。

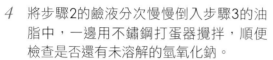
TIPS 秋冬時，棕櫚核仁油等固態的油脂預先隔水加熱後，再與其他液態油脂混合。

4 將步驟2的鹼液分次慢慢倒入步驟3的油脂中，一邊用不鏽鋼打蛋器攪拌，順便檢查是否還有未溶解的氫氧化鈉。

5 持續攪拌，直到皂液變稠（在皂液表面畫8可看見輕微字體痕跡）。

6 將精油倒入皂液中，再持續攪拌均勻。

B 入模

7 取大約100g皂液加入備長碳粉調色，用長柄湯匙充份攪拌均勻備用。

8 將原色皂液（因添加紅棕櫚油，所以皂液偏黃）倒入已放置隔板的吐司模中。

9 將步驟7的黑色皂液上下來回倒入中間格子內。

C 渲染

10 用竹筷或溫度計左右來回畫弓字形，最後再從中間由上往下畫即可。

11 畫完之後將隔板取出，再放入保麗龍箱保溫，約48小時之後即可脫膜。

D 製作內餡

12 取一塊分層皂切割成細條，將其中二段左右顛倒放置並沾水黏合，即完成格子餅乾皂條。

13 將皂邊搓揉成皂土，再將步驟12的格子餅乾皂條包覆起來備用。

TIPS 把片失敗的皂或裁下來的皂邊，像玩黏土般反覆揉搓即可形成皂土。

E 片皂

14 將步驟C的渲染皂進行脫模，脫模後趁皂尚未變硬，放在平坦的工作墊上，利用線刀來片皂，並可以利用P.92做的白色皂片，做為內餡裝飾。

F 組合&修飾

15 取一片渲染皂片，將一片白色皂片疊在上方，再用抹奶油的抹刀抹上一層皂土。

16 把步驟D製作好的內餡放至其中，再像捲壽司一樣捲起來。

TIPS 捲到盡頭時，如果皂片長短不齊，再用刮刀切斷即可。

17 將完成的壽司皂放入切皂台中，用線刀把不平整的皂邊切除即可。

18 將切好的捲捲皂置於風乾處晾皂，約4～6星期後再使用。

粉紅蕾絲捲捲皂

PINK LACE

令人傾心的優雅氣質皂款

製作難度 ★★★★☆
使用技法 分層+堆疊技法

　　粉紅蕾絲與虎皮紋路的組合會碰撞出什麼樣的火花呢？現在就讓我們表現在捲捲皂上吧！此款皂型是比較費工的，先做二塊大約 1.5cm 的皂塊，脫模後取出，用波浪刮板製作出波浪狀，當作皂體的上下層，中間再用兩色皂液互相堆疊，形成虎皮紋路。在皂體的製作上雖然有些繁瑣與費時，但看到完成作品後，絕對會讓人大呼值得喔！

Note

這一款味道清新舒適的俏麗捲捲皂，適合中性肌膚使用，並添加薰衣草及薄荷精油，可促進肌膚再生，平衡皮脂分泌。添加的粉紅石泥粉富含多種礦物質，有消毒、癒合的作用，還能讓皮膚變得平滑、有光澤。

示範模具	矽膠模 x2 長 x 寬 x 高（cm） 25x8x6
使用工具	波浪刮板、兩個擠花袋、線刀、牙籤、白色皂片
INS 硬度	140

配方 Material

粉紅蕾絲（上下蓋）

油脂	椰子油 75g	橄欖油 125g
	棕櫚油 75g	甜杏仁油 125g

鹼液	氫氧化鈉 59g
	純水冰塊 150g

添加物	法國粉紅礦泥粉 10g

配方 Material

虎皮紋路（中間雙色堆疊）

油脂	椰子油 75g	橄欖油 125g
	棕櫚油 75g	甜杏仁油 125g

鹼液	氫氧化鈉 59g
	純水冰塊 150g

精油	薰衣草精油 3g（約 60 滴）
	薄荷精油 3g（約 60 滴）

添加物	β 胡蘿蔔素 6g　可可粉 6g

作法 ①製作粉紅蕾絲

A 基礎打皂步驟

1 準備120g純水製成冰塊。

2 將47g的氫氧化鈉分次加入冰塊中快速攪拌，直到氫氧化鈉完全溶解。

3 將配方中的油脂全部量好並加熱至35～40℃左右。

TIPS 秋冬時，椰子油和棕櫚油等固態的油脂須先隔水加熱後，再與其他液態油脂混合。

4 將步驟2的鹼液分次慢慢倒入步驟3的油脂中，一邊用不鏽鋼打蛋器攪拌，順便檢查是否還有未溶解的氫氧化鈉。

5 持續攪拌，直到皂液變稠（在皂液表面畫8可看見輕微字體痕跡）。

6 將精油倒入皂液中，再持續攪拌均勻。

B 入模&脫模

7 將粉紅礦泥粉倒入皂液中充份拌勻，再平均倒入兩個吐司模中（一模大約300g）。

8 等皂液變濃稠後即可用波浪刮板將兩條皂條表面刮出波浪狀，大約24小時後，再將其中一個脫模取出備用。

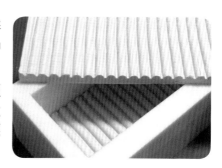

②製作虎皮內餡

C 打皂

9 依據虎皮配方，重覆步驟A的打皂步驟。

10 將皂液平均分成2杯，分別加入可可粉和β胡蘿蔔素調成咖啡色和黃色皂液。

D 填滿內餡

11 準備兩個擠花袋（花嘴可加可不加），將咖啡色和黃色皂液分別裝入。

12 利用擠花袋將黃色和咖啡色皂液填入步驟8的吐司模中，兩色交錯填滿，並反覆動作將皂液鋪至約3/4 的高度，填完後將模具左右搖晃讓皂液平整。

E 組合

13 將步驟8備用的粉色皂條波浪面朝下覆蓋在步驟14的皂液上方。

14 放入保麗龍箱保溫1～2天後即可脫模。

TIPS 冬天時請將作品充分保溫，以避免產生鬆糕現象。

F 片皂

15 將脫膜後的皂條用線刀片成皂片。

TIPS 將脫模後的皂條翻轉90度再片皂，片出來的花紋才正確喔！

16 並可以利用P.92做的白色皂片，做為內餡裝飾。

G 捲皂

17 將兩片皂片重疊（白色皂片在上），用雙手順勢往前捲起，注意力道要平均，並小心維持皂片的緊密。

TIPS 因上層的白色皂片較短，捲完之後就可完全包覆。

H 修飾

18 將完成的皂放入切皂台中，用線刀把不平整的皂邊切除。

19 用牙籤在粉紅波浪的邊緣戳洞，即成蕾絲花紋。

20 將切好的捲捲皂置於風乾處晾皂，約4～6星期後再使用。

PART5
悠游浮水皂

P118

P122

P126

—— 改變皂體比重，充滿樂趣的皂款！

【示範達人—陳婕菱】

P130

P134

P138

利用電動攪拌機，打出蓬鬆的皂霜，
皂寶寶就會自動浮出水面！

達人介紹——陳婕菱

充滿樂趣的浮水皂，
一洗就愛上！

墜入「皂海」是緣起於家人及個人身受皮膚搔癢問題之苦，尤其一到冬天更是常常抓到破皮。偶然間我接觸到手工皂相關的訊息，覺得或許這不失為可行之道，於是便著手深入鑽研，當然我親愛的家人就是我最忠實的擁護者，自此我就滿心歡喜地沉浸在手工皂浩翰無涯的領域當中。

不斷精進，開創出與眾不同的「浮水皂」

　　猶記得近十年前，台灣手工皂尚未風行，手工皂老師「一位」難求，要學做手工皂很困難，於是自己便懵懵懂懂的跟著書上的配方比例操作，開啟了我的「喇皂」人生，雖然不斷失敗，但我從不放棄堅持嘗試下去，從失敗中尋求經驗、力求改進，每每成功總會令我興奮不已，漸漸的我已經掌握到訣竅，而且愈做愈有心得，做皂也因此成為我的興趣及夢想，希望有一天自己也能成為手工皂達人！

　　為了完成夢想，製皂成為我的生活重心，自己也因為製皂重新找到人生自信的舞台。不過隨著手工皂市場日趨飽和，想要避免被市場淘汰，就只有不斷創新，於是鞭策著我開創了「浮水皂」。為什麼我對浮水皂情有獨鍾呢？「浮水皂」能夠浮在水面上的特點，深受小朋友喜愛，除了可以增加洗澡的樂趣之外，也不怕掉到水中找不到皂，顯眼亮麗的皂體更是讓人愛不釋手。

浮水皂達人
陳婕菱 | 工作室位於台北市，提供手工皂教學及代製。
目前為「舒丹亞手工皂坊」負責人。

經歷 台灣手工皂推廣協會合格講師
台北市政府社會局手工皂講師
國立台灣圖書館手工皂研習講師
新北市手工藝業職業工會手工皂講師
新北市八里區大坪頂社區發展協會手工皂講師

舒丹亞手工皂坊： www.shop2000.com.tw/ 舒丹亞
部落格： angel327.pixnet.net/blog
FB： www.facebook.com/sudanya868

做皂讓我重拾自信的舞台

做皂對我最大的改變就是讓我找回自信！剛離開職場的我，頓時失去人生的舞台，因為做皂，讓我重拾快樂，還幫助大家改善肌膚健康。每次的教學中，與學生在打皂互動中教學相長、獲得肯定，也結交了不少志同道合的皂友。

雖然從事手工皂創作多年，但我從未以此自滿而停下腳步稍作歇息，我的座右銘是：「**用心喇皂、用愛熟成、無私分享**」，將製皂經驗傳承，已經成為我的責任，並時時提醒自己要不斷進修與創新，才不會辜負學生對我的期望。

在「喇皂」人生一路走來，要感謝的貴人很多，尤其娜娜媽對我的提攜之情，更是讓我銘記在心，更感謝老公的全力支持及寶貝兒子（承諺）的體貼，讓我有機會圓夢，很榮幸能和幾位志同道合的好友一起合作出版這本書，希望可以造福廣大的皂友！

掌握浮水皂的四大要點，輕鬆飄浮不下沉！

浮水皂為什麼可以浮在水面上？
靠的是「將空氣打進油脂裡面」，
這些打至蓬鬆的油脂，
因內含大量氣體，導致成皂的比重改變，
當密度減少（密度＝質量 ÷ 體積），
自然就能浮在水面上。

POINT 1　全程保持低溫環境

「**溫度**」對浮水皂的成敗有很大的影響，在低溫環境時，皂霜較易打發，空氣含量多，成皂浮水力佳；相反地，當溫度上升，皂液蓬鬆度降低，空氣含量少，成皂浮水力較差。因此在製作浮水皂時，必須**全程保持低溫環境**，可以先將鹼液和軟油放入冰箱冰涼 1～2 小時再進行操作。

POINT 2　使用攪拌機，控制攪拌時間

使用桌上型攪拌機可以縮短攪拌時間，避免皂霜溫度升高，破壞皂液蓬鬆度，可以說是做出成功浮水皂的必備工具。

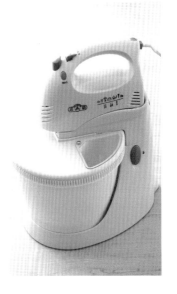

浮水皂無法用一般 CP 皂用的不鏽鋼打蛋器完成，如果沒有桌上型攪拌機也可以用手持電動攪拌機，不過打皂的過程得花費 1 小時左右，必須持續攪拌，皂霜才會蓬鬆，較費時費力。

POINT3 沒有黃金比例，只有正確的配方

一般人認為製作浮水皂的配方，有所謂硬油：軟油的黃金比例，像是用 8：2 或 7：3 較易成功，但當硬油比例高時，清潔力較強，只適合油性膚質使用，中、乾性肌膚較不適合，其實這種說法並不正確，只要掌握訣竅，任何配方都可以浮在水面上，浮水皂是全膚質都適用的皂款。

POINT4 適當調節水量與鹼液

浮水皂配方中添加的水量和一般冷製 CP 皂並無不同，如果軟油比例高，可以減少水量來增加皂的硬度；硬油比例高，水量也要相對提高。氫氧化鈉在高比例硬油的情況下可以減鹼 5%，以降低刺激性。

浮水皂常見 Q&A

Q 浮水皂也能製作出多變「皂型」？

A 製作浮水皂時可以運用配方，創造出多變皂型。像是基礎的分層法（用刮刀輔助）（請見 P.122）、堆疊法（利用擠花袋）（請見 P.126）、甚至是運用配方（請見 P.134）做出千變萬化的渲染皂都沒問題。

Q 製作浮水皂時，在精油的使用上有什麼限制嗎？

A 在製作浮水皂時，要特別注意精油的用量必需控製在總油重的 2% 以內，並需避開會加速 Trace 的精油，例如：安息香精油、檜木精油等等，以避免皂霜變得硬邦邦。

Q 浮水皂的保溫、晾皂、切皂該注意哪些呢？

A 浮水皂完成後，保溫約 1～2 天後就可以脫模切皂，因浮水皂皂體較易碎裂，切皂最好使用線刀，晾皂期約 4～6 星期，使用前可用試紙測試 pH 值，若在 9 以下表示已皂化完全，可以使用囉！

Q 為什麼我做的浮水皂無法浮起？

A 浮水皂失敗的原因通常會發生在攪拌不足或過度攪拌，以上兩者情況都會影響皂液的蓬鬆度，影響浮水力。多累積打皂經驗，便能抓到浮水皂成功的訣竅。

金盞花浮水皂

Dried Calendula

金盞花入皂，洗出自然新鮮感

製作難度 ★☆☆☆☆
使用技法 添加乾燥花瓣

這款金盞花浮水皂以天然的β胡蘿蔔素先將皂霜調出粉嫩的黃色，再加入金盞花粉與金盞花瓣，讓樸素的單色皂體增添活潑的氣息，雖然皂款簡單卻可以呈現出質樸的手感！注意添加的乾燥金盞花瓣不能加太多，以免破壞皂的質感，脫模切皂之後可再蓋上皂章畫龍點睛。

Note

金盞花具消炎、殺菌作用，能舒緩肌膚搔癢的不適與過敏肌膚症狀，適合嬰幼兒或敏感肌膚使用。天然的β胡蘿蔔素能改善修復粗糙的肌膚，入皂後可使皂霜（液）呈現黃橘色調。

示範模具	矽膠模 長x寬x高（cm） 20x8x6
使用工具	桌上型攪拌機、刮刀、長柄湯匙
INS 硬度	145

配方 Material

油脂	椰子油	180g	芒果脂	120g
	芝麻油	210g	米糠油	90g

鹼液	氫氧化鈉 90g	純水 225g

精油	Miaroma 白柚精粹12g（約240滴）

添加物	β胡蘿蔔素　12g
	金盞花粉　6g
	乾燥金盞花瓣　適量

※ 以上材料可做 8 塊 110g 的手工皂，如左圖大小。

作法

A 準備

1　將90g氫氧化鈉分3～4次加入225g的純水中溶解，等鹼液降至室溫後備用。

2　將配方中的軟油和硬油分別秤量好備用。

TIPS 製作浮水皂時，必須全程保持低溫環境，可以先將鹼液和軟油放入冰箱冰涼1～2小時再進行操作。

B 打發硬油

3　將桌上型攪拌機調至中高速，將硬油打發到如鮮奶油般的綿密質感。大約需攪拌10～15分鐘，打到攪拌頭提起處，油脂不會往下滴落的狀態。

C 打發軟油

4　將軟性油脂全部加入步驟3打發的硬油中，再攪拌10分鐘，打到攪拌頭提起來時，油脂會自然滴落，可是不會流動的狀態。

D 打皂

5　加入鹼液之前，先蓋上攪拌器的蓋子並且將攪拌速度降至低速，從開口處倒入鹼液，倒完鹼液後調回中高速，攪拌大約10分鐘之後，整體打好的皂霜看起來跟Over trace的樣子很像，不過蓬鬆很多。

TIPS 將鹼液少量分次加入打發的油脂中，再慢慢提高攪拌速度，這樣可以避免皂霜溫度升高。

6　將精油倒入皂霜中，繼續攪拌至均勻。

TIPS 要避免使用會加速Trace的精油，以避免皂霜變得硬邦邦而無法塑形。

F 調色

7 將打好的皂霜加入12gβ胡蘿蔔素和6g金盞花粉,並用長柄湯匙攪拌均勻。

8 加入適量的乾燥金盞花瓣,確實攪拌均勻。

TIPS 金盞花瓣不能加太多,否則會破壞皂的質感。

G 入模

9 將皂霜倒入模具中,最上層表面可利用刮刀刮平。

H 脫模

10 將作品放入保麗龍箱裡加蓋保溫,約1~2天後即可脫模切皂。

TIPS 浮水皂較易碎裂,建議用線刀比較好切。

11 置於陰涼處晾皂,約4~6星期再使用。(使用前可用試紙測試pH值,若在9以下表示已皂化完全,可以使用囉!)

浮水皂小教室

一起來看看製作浮水皂必備工具有哪些吧!

❶ 桌上型攪拌機。

❷ 橡皮刮刀數支及寬口量杯數個。(調色用)

❸ 矽膠模具。(不可選用塑膠PVC模,會不好脫模)

❹ 擠花袋或擠花嘴。(變化皂型用)

※ 除了上述工具外,一般基礎打皂用具(請見P.16~P.17)也是必備的喔!

三色夾心浮水皂

Chlorella Powder

天然柔和色搭配：粉紅礦泥粉 ╳ 綠藻粉

製作難度 ★☆☆☆☆
使用技法 分層法

利用簡單的分層技法，讓浮水皂呈現活潑繽紛的色彩。建議選擇兩種不同色系做搭配，將原色皂霜夾在中間，就成了三層夾心皂，蓬鬆的浮水皂霜，讓分層的分隔線會呈現不規則的線條波紋，可愛極了！

這款分層皂做法簡單，入模時利用刮刀輔助，就能輕鬆完成，即使是第一次嘗試做浮水皂的朋友，也能立即上手。

Note

這款皂運用了粉紅礦泥粉和綠藻粉來調色。粉紅礦泥粉適合各種膚質，能軟化角質且有效保濕，可以緊實肌膚；綠藻粉富含多種礦物質，具有保濕、滋潤、柔嫩肌膚的效果，也很適合敏感乾燥肌膚。

示範模具	矽膠模 長x寬x高（cm） 20x8x6
使用工具	桌上型攪拌機、刮刀、長柄湯匙
INS 硬度	140

配方 Material

油脂	椰子油	120g	榛果油	120g
	棕櫚油	150g	米糠油	90g
	乳油木果脂	120g		

鹼液	氫氧化鈉	87g	純水	200g

精油	Miaroma 月季玫瑰12g（約 240 滴）

添加物	法國粉紅礦泥粉	6g	綠藻粉	6g

※ 以上材料可做 8 塊 110g 的手工皂，如左圖大小。

作法

A 準備

1 將87g氫氧化鈉分3～4次加入200g的純水中溶解，等鹼液降至室溫後備用。

2 將配方中的軟油和硬油分別秤量好備用。

TIPS 製作浮水皂時，必須全程保持低溫環境，可以先將鹼液和軟油放入冰箱冰涼1～2小時再進行操作。

B 打發硬油

3 將桌上型攪拌機調至中高速，將硬油打發到如鮮奶油般的綿密質感。大約需攪拌10～15分鐘，打到攪拌頭提起處，油脂不會往下滴落的狀態。

C 打發軟油

4 將軟性油脂全部加入步驟3打發的硬油中，再攪拌10分鐘，打到攪拌頭提起來時，油脂會自然滴落，可是不會流動的狀態。

D 打皂

5 加入鹼液之前，先蓋上攪拌器的蓋子並且將攪拌速度降至低速，從開口處倒入鹼液，倒完鹼液後調回中高速，攪拌大約10分鐘之後，整體打好的皂霜看起來跟Over trace的樣子很像，不過蓬鬆很多。

TIPS 將鹼液少量分次加入打發的油脂中，再慢慢提高攪拌速度，這樣可以避免皂霜溫度升高。

6 將精油倒入皂霜中，繼續攪拌至均勻。

TIPS 要避免使用會加速Trace的精油，以避免皂霜變得硬邦邦而無法塑形。

F 調色

7 將打好後的皂霜分成等量的三杯，每杯各約300g，其中兩杯分別加入6g粉紅礦泥粉和6g綠藻粉，並用長柄湯匙攪拌均勻。

TIPS 礦泥粉需要先用約1:1的純水調開後，再倒入皂霜中調色，避免混合不均。

G 入模

8 將調色完成的皂霜用刮刀依序鋪入模子裡：第一層綠色、第二層原色、第三層粉紅色，最上層表面可利用刮刀刮平。

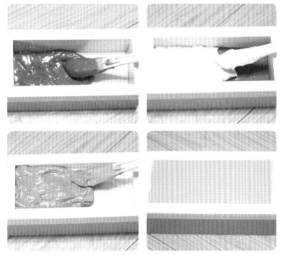

H 脫模

9 將作品放入保麗龍箱裡加蓋保溫，約1～2天後即可脫模切皂。

TIPS 浮水皂較易碎裂，建議用線刀比較好切。

10 置於陰涼處晾皂，約4～6星期再使用。（使用前可用試紙測試pH值，若在9以下表示已皂化完全，可以使用囉！）

浮水皂小教室

浮水皂因為皂體充滿空氣，脫模後皂體邊緣會像蛋糕體一樣充滿空氣，甚至會被誤認為是鬆糕，但這屬於正常現象，不需擔心喔！

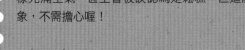

陽光可可浮水皂

Sunshine Cocoa

亮麗色系呈現：β 胡蘿蔔素 × 可可粉

製作難度 ★★★☆☆
使用技法 層次堆疊法

　　此款皂是運用層次堆疊的技法，讓 β 胡蘿蔔素和可可粉的顏色交錯呈現，達到像是格子狀的色塊堆疊效果。因為**浮水皂的皂霜充滿空氣，所以重量較輕，入模時不太會像一般CP皂液會自然流動**，所以利用擠花袋讓皂霜入模時，要特別留意模具的角落是否有確實填滿，如果空隙間有空氣，脫膜後會發現皂體不完整，破壞了外型美觀。

Note

充滿陽光色彩的 β 胡蘿蔔素，成皂顏色會因為添加比例多寡，而呈現橙黃到橘黃的色彩，大家可以視個人喜好的深淺度做調配。β 胡蘿蔔素具有很好的抗氧化效果，適合各種肌膚使用。

示範模具	 矽膠模 長x寬x高（cm） 20x8x6
使用工具	桌上型攪拌機、刮刀、長柄湯匙、擠花袋 3 個
INS 硬度	147

配方 Material

油脂	椰子油　150g　杏桃核仁油　120g 棕櫚油　120g　開心果油　120g 白油　90g
鹼液	氫氧化鈉　90g　純水　210g
精油	Miaroma 桂花吟　12g（約 240 滴）
添加物	β 胡蘿蔔素　6g　可可粉　6g

※ 以上材料可做 8 塊 110g 的手工皂，如左圖大小。

作法

A 準備

1 將90g氫氧化鈉分3～4次加入210g的純水中溶解，等鹼液降至室溫後備用。

2 將配方中的軟油和硬油分別秤量好備用。

TIPS 製作浮水皂時，必須全程保持低溫環境，可以先將鹼液和軟油放入冰箱冰涼1～2小時再進行操作。

B 打發硬油

3 將桌上型攪拌機調至中高速，將硬油打發到如鮮奶油般的綿密質感。大約需攪拌10～15分鐘，打到攪拌頭提起處，油脂不會往下滴落的狀態。

C 打發軟油

4 將軟性油脂全部加入步驟3打發的硬油中，再攪拌10分鐘，打到攪拌頭提起來時，油脂會自然滴落，可是不會流動的狀態。

D 打皂

5 加入鹼液之前，先蓋上攪拌器的蓋子並且將攪拌速度降至低速，從開口處倒入鹼液，倒完鹼液後調回中高速，攪拌大約10分鐘之後，整體打好的皂霜看起來跟Over trace的樣子很像，不過蓬鬆很多。

TIPS 將鹼液少量分次加入打發的油脂中，再慢慢提高攪拌速度，這樣可以避免皂霜溫度升高。

6 將精油倒入皂霜中，繼續攪拌至均勻。

TIPS 要避免使用會加速Trace的精油，以避免皂霜變得硬邦邦而無法塑形。

F 調色&入擠花袋

7　將打好後的皂霜分成等量的三杯，
每杯各約300g，其中兩杯分別加入
6g可可粉和6gβ胡蘿蔔素，並用
長柄湯匙攪拌均勻。

8　用刮刀輔助將三種
顏色的皂霜分別裝
入擠花袋，並在擠
花袋前端剪出一個
開口。

G 入模

9　利用擠花袋幫助皂
霜入模，每一層擠
出三條不同顏色的
皂霜，一共擠三
層，記得層與層之
間的顏色要交錯才
會好看。

TIPS 擠完每一層後，可以稍
微搖晃模具，讓皂霜確
實充滿模具的四邊角落。

TIPS 最上層的皂霜，不需刻
意平整，自然的弧度可
以突顯浮水皂的蓬鬆空
氣感。

H 脫模

10　將作品放入保麗龍箱裡加蓋保
溫，約1～2天後即可脫模切皂。

TIPS 浮水皂較易碎裂，建議用線刀比較
好切。

11　置於陰涼處晾皂，約4～6星期
再使用。（使用前可用試紙測
試pH值，若在9以下表示已皂
化完全，可以使用囉！）

朱古力浮水皂

Chocolate Soap

同色系的深淺搭配：赤石脂粉 ✕ 深色可可

製作難度 ★★★★☆
使用技法 分層法
　　　　 堆疊法

此款皂是運用層次堆疊＋分層技法，以赤石脂粉當作上下分層，中間夾著可可色及白色的皂霜堆疊，讓夾層呈現馬賽克狀。此款技法操作要特別注意角落空隙的填滿，每完成一層堆疊後要將模具敲一敲，左右稍微晃動一下，讓皂霜能夠確實填滿整個邊角的空隙，做出來的浮水皂才會方正好看。

Note

赤石脂粉具消炎作用；芥花油具有清爽、保濕、溫和的效果，而且泡沫細緻穩定；白油是以大豆等植物提煉而成，為固體奶油狀，可以製作出厚實堅硬、泡沫穩定的手工皂。

示範模具	矽膠模 長x寬x高（cm） 20x8x6
使用工具	桌上型攪拌機、刮刀、長柄湯匙、擠花袋 2 個
INS 硬度	144

配方 Material

油脂	椰子油	150g	芥花油	120g
	棕櫚油	150g	蓖麻油	60g
	白油	120g		

鹼液	氫氧化鈉 89g	純水 210g

精油	Miaroma 黑香草 12g（約 240 滴）

添加物	赤石脂粉 6g	可可粉 6g

※ 以上材料可做 8 塊 110g 的手工皂，如左圖大小。

作法

A 準備

1 將89g氫氧化鈉分3～4次加入210g的純水中溶解，等鹼液降至室溫後備用。

2 將配方中的軟油和硬油分別秤量好備用。

TIPS 製作浮水皂時，必須全程保持低溫環境，可以先將鹼液和軟油放入冰箱冰涼1～2小時再進行操作。

B 打發硬油

3 將桌上型攪拌機調至中高速，將硬油打發到如鮮奶油般的綿密質感。大約需攪拌10～15分鐘，打到攪拌頭提起處，油脂不會往下滴落的狀態。

C 打發軟油

4 將軟性油脂全部加入步驟3打發的硬油中，再攪拌10分鐘，打到攪拌頭提起來時，油脂會自然滴落，可是不會流動的狀態。

D 打皂

5 加入鹼液之前，先蓋上攪拌器的蓋子並且將攪拌速度降至低速，從開口處倒入鹼液，倒完鹼液後調回中高速，攪拌大約10分鐘之後，整體打好的皂霜看起來跟Over trace的樣子很像，不過蓬鬆很多。

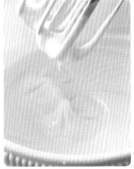

TIPS 將鹼液少量分次加入打發的油脂中，再慢慢提高攪拌速度，這樣可以避免皂霜溫度升高。

6 將精油倒入皂霜中，繼續攪拌至均勻。

TIPS 要避免使用會加速Trace的精油，以避免皂霜變得硬邦邦而無法塑形。

F 調色&入擠花袋

7 將打好後的皂霜分成等量的三杯，每杯各約300g，其中兩杯分別加入6g可可粉和6g赤石脂粉，並用長柄湯匙攪拌均勻。

8 用刮刀將咖啡色和白色皂霜分別裝入擠花袋，並在擠花袋前端剪出一個開口。

G 入模

9 先將一半的紅色皂霜以刮刀鋪入模子內，再交錯擠出咖啡色與白色皂霜，每層擠四條，一共擠兩層，最後將剩下的紅色皂霜鋪滿即可。

TIPS 最後可用刮刀將皂霜表面刮平。

H 脫模

10 將作品放入保麗龍箱裡加蓋保溫，約1～2天後即可脫模切皂。

TIPS 浮水皂較易碎裂，建議用線刀比較好切。

11 置於陰涼處晾皂，約4～6星期再使用。（使用前可用試紙測試pH值，若在9以下表示已皂化完全，可以使用囉！）

橄欖艾草浮水皂

Wormwood Powder

突破黃金比例，成功打出浮水渲染皂

製作難度 ★★★★☆
使用技法 渲染技法

很多人認為浮水皂要能成功，硬油比例必須偏高，像是硬油：軟油為 8：2 或 7：3 的黃金比例，打完後的皂霜就像 CP 皂液 Over trace 狀，所以皂形的外觀變化只能侷限在分層、堆疊等等，但是此款皂突破黃金比例之說，讓浮水皂也能創作出細如流水般的線條。

做浮水渲染皂要注意的是**配方的軟油比例要偏高**，打好的皂液會呈現流動狀態且充滿空氣，調色之後再利用小刮刀和溫度計，進行渲染即可完成。

因為這款皂軟油比例較高，皂體容易軟爛，要避免這種現象可以在調鹼液時添加「L-乳酸鈉」，添加量為油重1%～3%，需從配方中的水量扣除，L-乳酸鈉在皂材行或網路上都有賣，大家可以自行添購。

Note

β 胡蘿蔔素具有良好的抗氧化功能，適合各種肌膚使用。澳洲胡桃油成分類似皮膚的油脂，具良好的滲透性，保濕效果佳，容易被皮膚吸收。榛果油滋潤、保濕效果佳，抗老化，很適合做為冬天使用的皂款。

示範模具	矽膠模 長 x 寬 x 高（cm） 27.5x16x4.5
使用工具	桌上型攪拌機、長柄湯匙、小刮刀、溫度計
INS 硬度	147

配方 Material

油脂	椰子油 200g	橄欖油 300g
	棕櫚油 200g	榛果油 100g
	澳洲胡桃油 200g	
鹼液	氫氧化鈉 148g	純水 340g
精油	Miaroma 晚香玉 20g（約 400 滴）	
添加物	可可粉 5g	β 胡蘿蔔素 5g
	低溫艾草粉 5g	

135

※ 以上材料可做 10 塊 150g 的手工皂，如左圖大小。

作法

A 準備

1 將148g氫氧化鈉分3～4次加入340g的純水中溶解，等鹼液降至室溫後備用。

2 將配方中的軟油和硬油分別秤量好備用。

TIPS 製作浮水皂時，必須全程保持低溫環境，可以先將鹼液和軟油放入冰箱冰涼1～2小時再進行操作。

打發硬油

3 將硬油以桌上型攪拌機調至中高速，打發到像糖霜如奶油般的蓬鬆質感，攪拌時間大約10～15分鐘，打到攪拌頭提起處，油脂不會往下滴落，也完全沒有流動狀態。

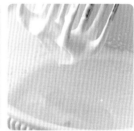

打發軟油

4 將軟性油脂全部加入步驟3打發的硬油中，再攪拌10分鐘，打到攪拌頭提起來時，油脂會自然滴落，皂液呈現會流動狀態且充滿空氣。

D 打皂

5 加入鹼液之前，先蓋上攪拌器的蓋子並且將攪拌速度降至低速，從開口處倒入鹼液，倒完鹼液後調回中高速，攪拌大約10分鐘左右。因為此款配方軟油比例高，所以攪拌頭提起來時，打好的皂液會呈現流動狀態且充滿空氣。

TIPS 將鹼液少量分次加入打發的油脂中，再慢慢提高攪拌速度，這樣可以避免皂霜溫度升高。

6 將精油倒入皂霜中，繼續攪拌至均勻。

TIPS 要避免使用會加速Trace的精油，以避免皂霜變得硬邦邦而無法塑形。

F 調色

7 取出三杯各150g的皂液，分別加入5g可可粉、5gβ胡蘿蔔素和5g低溫艾草粉，並用長柄湯匙攪拌均勻。

G 倒皂

8 先將原色皂液倒入模具中，再將調色完成的三色皂液分別倒出三條直線。

TIPS 倒入調色皂液時，手勢需由高到低並來回倒在同一條直線上。

H 渲染

9 使用小刮刀左右來回畫出橫向線條。

10 使用溫度計先畫出一條對角線，再輪流向左右兩邊來回畫出平行對角線的U字型線條，U字型的間隔寬度可視個人喜好調整。

I 脫模

11 將作品放入保麗龍箱裡加蓋保溫，約1～2天後即可脫模切皂。

TIPS 浮水皂較易碎裂，建議用線刀比較好切。

12 置於陰涼處晾皂，約4～6星期再使用。（使用前可用試紙測試pH值，若在9以下表示已皂化完全，可以使用囉！）

蛋糕浮水皂

Cake Floating Soap

可愛造型，送禮人氣皂款！

製作難度 ★★★★★
使用技法 擠花技法

利用擠花袋和花嘴，就能製作出像蛋糕形狀的蛋糕皂，也是送禮自用的人氣皂款！添加粉紅礦泥粉就可以做成「草莓蛋糕皂」，添加可可粉就變成「巧克力蛋糕皂」，是不是很好玩呢？此款皂也非常適合親子一起DIY同樂，大家一起來玩浮水皂吧！

Note

配方中的乳油木果脂具修護、保濕、滋潤的功效，適合乾燥、敏感及嬰幼兒肌膚，粉紅礦泥適合各種膚質，能軟化角質且有效保濕，具緊實效果，所以也適用於老化成熟肌膚。

示範模具		矽膠模 長x寬x高（cm） 17x16.5x4
使用工具		桌上型攪拌機、刮刀、長柄湯匙、波浪刀或線刀、擠花工具（擠花袋、轉接頭、星星花嘴各2個）
INS 硬度		153

配方 Material

油脂	椰子油 210g	甜杏仁油 105g
	白油 140g	篦麻油 70g
	乳油木果脂 175g	

鹼液	氫氧化鈉 104g	純水 250g

精油	Miaroma 櫻花14g（約280滴）

添加物	法國粉紅礦泥粉 5g
	β 胡蘿蔔素 5g

作法

A 準備

1 將104g氫氧化鈉分3～4次加入250g的純水中溶解，等鹼液降至室溫後備用。

2 將配方中的軟油和硬油分別秤量好備用。

TIPS 製作浮水皂時，必須全程保持低溫環境，可以先將鹼液和軟油放入冰箱冰涼1～2小時再進行操作。

B 打發硬油

3 將桌上型攪拌機調至中高速，將硬油打發到如鮮奶油般的綿密質感。大約需攪拌10～15分鐘，打到攪拌頭提起處，油脂不會往下滴落的狀態。

C 打發軟油

4 將軟性油脂全部加入步驟3打發的硬油中，再攪拌10分鐘，打到攪拌頭提起來時，油脂會自然滴落，可是不會流動的狀態。

D 打皂

5 加入鹼液之前，先蓋上攪拌器的蓋子並且將攪拌速度降至低速，從開口處倒入鹼液，倒完鹼液後調回中高速，攪拌大約10分鐘之後，整體打好的皂霜看起來跟Over trace的樣子很像，不過蓬鬆很多。

TIPS 將鹼液少量分次加入打發的油脂中，再慢慢提高攪拌速度，這樣可以避免皂霜溫度升高。

6 將精油倒入皂霜中，繼續攪拌至均勻。

TIPS 要避免使用會加速Trace的精油，以避免皂霜變得硬邦邦而無法塑形。

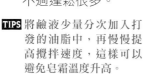

E 調色

7 取出150g皂霜加入5g粉紅礦泥粉、100g皂霜加入5gβ胡蘿蔔素，分別用長柄湯匙攪拌均勻。

TIPS 礦泥粉要先用1：1的水調開後，再倒入皂霜中調色，避免混合不均。

8 用刮刀將粉色和黃色皂霜裝入擠花袋中並套上花嘴。

F 入模

9 將一半的原色皂霜用刮刀輔助鋪入模具中，第二層鋪上薄薄一層粉色皂霜，當作夾心內餡，然後再鋪上原色皂霜。

TIPS 每鋪上一層後，可以稍微搖晃模具，讓皂霜確實充滿模具的四邊角落。

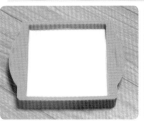
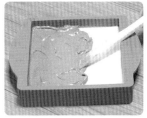
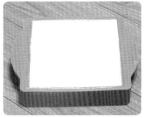

G 擠花

10 利用步驟8的黃色與粉色皂霜，以擠奶油皂花的方式在皂體表面擠上自己喜歡的圖案。

H 脫模

11 將作品放入保麗龍箱裡加蓋保溫，約1～2天後即可脫模切皂。切皂時可以依照設計的擠花圖形，用波浪刀切出不同的大小。

TIPS 若沒有波浪刀，也可以用線刀切皂。

12 置於陰涼處晾皂，約4～6星期再使用。（使用前可用試紙測試pH值，若在9以下表示已皂化完全，可以使用囉！）

PART6
甜蜜蛋糕皂

P148

P152

P156

── 利用蛋糕裝飾技法，精緻度 100%！

【示範達人─吳佩真】

P160

P164

P168

準備好擠花袋和花嘴，在皂體上擠出奶油皂花，
美麗的蛋糕皂就完成啦！

達人介紹──吳佩真

讓手工皂化身為實用
又美麗的藝術品

小時候喜歡仰望天空，疑惑天空為何會下雨？家中使用完的廢水流向何處？長大後，對於環境汙染議題也特別關注，思考著有什麼辦法可以減少對大自然的傷害？我開始留意到每個人每天都會使用的清潔用品，是不是有更好、更天然的選擇呢？無意間看到不含化學添加物的手工皂，心想「就是它」了！

因為製皂，讓我更加認識自己！

自從 2002 年購入第一本手工皂書，當下便愛上手工皂並開始我的製皂生涯。我想手工皂可以改善肌膚健康、減少環境汙染等好處，大家應該都很了解，不過，沒想到因為製皂，讓我更加認識自己！這可是始料未及的收穫！

在製皂之前，我會仔細地審視、了解自己的膚質適合什麼、需要什麼，再挑選調配皂方；在使用的過程中，會藉由洗感去感受肌膚的變化。**所以製皂這件事，讓我從思考中認識自我、從學習中尋求真理、從實踐中得到價值、從興趣中得到快樂，帶給我的好處真的多到數不完！**

結合蛋糕的技巧，創作出與眾不同的蛋糕皂

接觸手工皂十年有餘，從 MP 透明皂的創意多變到 CP 冷製皂的簡單實用，心中總想著手工皂還能有什麼樣的變化呢？能做出更吸引人的造型嗎？因為曾經取得蛋糕裝飾認證帶來了靈感，不如就將做蛋糕的技巧與手工皂結合吧！

蛋糕皂達人
吳佩真

在手工皂、天然手作保養品 DIY 方面，
有多年教學經驗。
目前為屏東「皂夢園工作室」負責人。

經歷　手工皂協會講師
　　　大學推廣教育手工皂講師
　　　行政院勞委會職訓局產投方案手工皂講師
　　　客家文化發展中心手工皂講師
　　　美國惠爾通（Wilton）蛋糕裝飾認證老師

皂夢園手工皂坊： www.shop2000.com.tw/ 皂夢園手工皂坊
FB： www.facebook.com/zao.m.yuan

　　於是我開始研發「蛋糕皂」，發現只要將奶油換成繽紛色彩的皂液、鬆軟
的蛋糕替換成天然無毒的手工皂，藉由**「心的創意，手的舞動」**，就能製作
出精緻又可愛的蛋糕皂，成為最實用又美麗的藝術品。

做皂，是一件陶冶性情的事！

　　做皂就像是照顧小孩，也像是在談戀愛，不但要瞭解油品特性、心甘無悔
的付出、仔細觀察，在這過程之中，會讓人有所沉澱，帶來心靈的陶冶。

　　做皂其實不難，相信大家只要照著配方、步驟操作，不要過於心急，細細
感受皂液的變化，就能享受成功製皂的喜悅！相信大家不斷練習、隨著經驗
的累積，也能創作出造型多變的蛋糕皂！

利用巧手裝飾蛋糕皂！三大要點，

為什麼手工皂的皂液可以用來做擠奶油皂花呢？
因為皂液與奶油的特性類似，
因此只要拿出事先做好的蛋糕皂體，
再打皂並將皂液裝入擠花袋中來裝飾運用，
便可結合自己的所學與興趣創作蛋糕皂，
呈現有如藝術品般的美麗。

POINT 1　事前準備蛋糕皂體

　　一般說來，蛋糕皂可分為**蛋糕皂體**與**裝飾皂液**兩大部分，通常我們可以先依照配方，進行一般打皂程序，做好蛋糕皂體備用，形狀多為圓形或心形，依個人喜好與要做的款式而異。（蛋糕皂體配方與一般手工皂相同，做好皂體 2〜3 天後脫模，脫模後立刻可以操作。）

POINT 2　裝飾皂液的濃稠度

　　有了事先準備好的蛋糕皂體之後，便可再打一鍋用來裝飾蛋糕皂的皂液。在擠奶油皂花時，必須先測試皂液濃稠度，要比 Trace 再濃稠一些，像奶油一樣，才是洽當的濃稠度。建議可先試擠在工作墊上，待線條穩定後，方可擠在蛋糕皂體上。

POINT 3　利用工具輔助

❶ 擠花袋

　　擠花袋要選稍有厚度、品質良好的款式，在填充皂液時不要貪心，至多約擠花袋一半容量即可，每次重新填皂液後，先擠出少量讓空氣排出。

❷ 花嘴＆轉接頭

　　在擠奶油皂花時，常用的的花嘴有 2、14、16、20、68、104、233、352 號，不同花嘴可呈現不同紋路。

基礎擠花介紹

● 葉子擠花

使用花嘴： 352 號花嘴

訣竅： 注意尾端往上提，收尾時力道要輕。

● 貝殼花形擠花

使用花嘴： 18 或 20 號花嘴

訣竅： 注意與上一個貝殼的連接及立體感，並且大小相同。

● 花邊緞帶擠花

使用花嘴： 68 號花嘴

訣竅： 注意與上一個花邊的重疊及立體感，並且大小相同。

● 繩索擠花

使用花嘴： 18 號花嘴

訣竅： 注意立體感。

聖誕檜樂蛋糕皂

Cypress Wood

蛋糕造型：自然原色 × 檜木香氣

製作難度 ★☆☆☆☆
使用技法 皂捲組合

一般人對於蛋糕皂的想像，大部分是利用擠花袋擠出各種圖案、花紋，不過這款造型皂不但突破大家對於蛋糕皂的印象，而且製作起來還非常簡單！主要利用修皂器刨出一根根的皂捲，再用皂液當作黏合的媒介，黏在蛋糕皂體上，排列成層次感十足的蛋糕造型。

配方中添加了阿里山檜木精油，於是我幫它取了個中西合併的名字——「聖誕檜樂蛋糕皂」，再擺上應景的聖誕裝飾做為點綴，是不是就很有過節的氣氛呢！？

Note

檜木精油入皂以後，對於中、乾性肌膚都適用，它的香氣會刺激人體的中樞神經，具有提神、消除疲勞、安撫及抗菌、除臭、驅蟲等特性。

示範模具	圓形矽膠模 直徑 10cm 高 4.5cm	長方形矽膠模 長 x 寬 x 高（cm） 19.5x9x6.5
使用工具	修皂器、小鑷子、緞帶條、蝴蝶結、美工刀、抹刀	
INS 硬度	皂體 147／裝飾皂 147	

配方 *Material*

油脂	椰子油	200g	橄欖油	400g
	棕櫚油	200g	乳油木果脂	200g

鹼液	氫氧化鈉	145g	純水冰塊	360g

精油	檜木精油	20g

添加物	檜木粉	10g

※ 用來當作黏著劑的皂液配方與皂體配方相同，但只需取約 1/4 的量即可。

※ 以上材料約可做 2 個蛋糕皂，如左圖大小。

作法　①蛋糕皂體（請於2～3天前準備）

A 基礎打皂步驟

1　準備360g純水製成冰塊。

2　將145g的氫氧化鈉分3～4次加入冰塊中快速攪拌，直到氫氧化鈉完全溶解。

3　將配方中的所有油脂量好混合後，加熱至35～40℃左右。

TIPS 若加熱溫度過高，需等溫度降下來後，再與鹼液混合。

4　將步驟2的鹼液分次慢慢倒入步驟3的油脂中，一邊用不鏽鋼打蛋器攪拌，將皂液攪拌到Light trace的程度即可。

5　加入精油後，再攪拌約3分鐘，使其充分混合。

B 入模&脫模

6　將皂液加入10g檜木粉攪拌均勻。

7　將皂液倒入圓形及長方形模具中，放入保麗龍箱中保溫，約2～3天後即可取出脫模。

TIPS 冬天時請將作品充分保溫，以避免產生鬆糕現象。

②裝飾蛋糕皂

C 打皂

8　依照配方取1/4的量左右，重複A的打皂步驟，完成的皂液先放著備用，等待皂捲與蛋糕皂體組合時，用來當作黏著劑。

D 刨皂條

9　將脫模後的長方形檜木皂條裁成6×4cm，利用修皂器刨成薄片，讓皂片自然捲起備用（捲起來的長度即6cm，刨的數量至少50支，直至黏滿皂體）。

E 皂捲組合

10　將檜木蛋糕皂體用抹刀塗上一層薄皂液，將捲好的檜木皂捲用小鑷子輔助依序擺上，沿著蛋糕體排列，即完成第一層。

TIPS 刨好的皂捲條高度需與皂體同高或高於皂體，做出來的形狀才會好看。

TIPS 擺上皂條時要注意將皂條開口藏在內側。

11　將剩餘的皂捲用美工刀切成三等份，每一捲的高度即2cm。

12　在蛋糕皂體表面上方塗上皂液，用小鑷子將2cm的皂捲條依順時針方向，由外往內直立放上蛋糕皂體填滿。

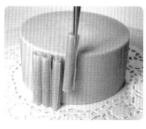

F 裝飾

13　最後插上有聖誕節氣氛裝飾品，再繫上蝴蝶結即完成作品。

14　裝飾好的蛋糕皂需要等待熟成時間45天，即可切開使用。

新娘の嫁衣蛋糕皂

Wedding Gift

雙層蛋糕造型：純潔白淨的花朵裝飾

製作難度 ★★☆☆☆
使用技法 皂片運用

「新娘的嫁衣」是一款潔白素雅的皂款，高比例苦茶油皂化後形成潔白的顏色，還散發出淡淡的苦茶油香，加上沒有過多裝飾，利用高度堆疊和簡單的花朵造型點綴就完成了，當作婚禮場地的擺設，是再適合不過的了！

Note

冷壓苦茶油含有氨基酸、維生素成分，有滋潤、護髮功能，滲透力比橄欖油高很多，適合做出高品質的洗髮皂。此款皂配方超滋潤，全身可用，特別適合冬天乾癢肌膚使用，是我非常推薦的皂款喔！

示範模具	圓形矽膠模 x2 ① 直徑 10cm、高 4.5cm ② 直徑 15cm、高 6cm	長方形矽膠模 長 x 寬 x 高（cm） 19.5x9x6.5
使用工具	修皂器、抹刀、緞帶條、花蕊、 花形模（四種尺寸大小）	
INS 硬度	皂體 150 ／裝飾皂 150	

配方 Material

油脂	椰子油　150g 棕櫚油　150g 冷壓苦茶油　700g
鹼液	氫氧化鈉　146g 純水冰塊　360g

※ 用來當作黏著劑的皂液配方與皂體配方相同，但只需取約 1/4 的量即可。

作法 ①蛋糕皂體（請於2～3天前準備）

A 基礎打皂步驟

1　準備360g純水製成冰塊。

2　將146g的氫氧化鈉分3～4次加入冰塊中快速攪拌，直到氫氧化鈉完全溶解。

3　將配方中的所有油脂量好混合後，加熱至35～40℃左右。

TIPS 若加熱溫度過高，需等溫度降下來後，再與鹼液混合。

4　將步驟2的鹼液分次慢慢倒入步驟3的油脂中，一邊用不鏽鋼打蛋器攪拌，將皂液攪拌到Light trace的程度即可。

B 入模&脫模

5　將皂液分別倒入一大一小的圓形模具中，需保留約200g皂液倒入長方形模具，放入保麗龍箱中保溫，約2～3後即可取出脫模。

TIPS 冬天時請將作品充分保溫，以避免產生鬆糕現象。

②裝飾蛋糕皂

C 打皂

6　依照配方取1/4的量左右，重複A的打皂步驟，完成的皂液先放著備用，等待皂條與蛋糕皂體組合時，用來當作黏著劑。

D 製作花朵

7　將脫模後的方形皂條裁成長6cm、寬5cm、高3cm的長方體，用修皂器刨成片狀。

8　皂片折成扇子形狀，再每三個一組，加上花蕊，組合成一朵花（至少要做8朵花）。

9　將步驟8刨成的片狀皂，再利用花形模壓製成4種大小的花瓣，利用壓花筆將花瓣壓出自然的弧度，再由大至小組成花朵，最後在中心黏上花蕊（依個人喜好準備數朵）。

TIPS 花形壓模一組有4種尺寸，可以組合出富有層次感的花瓣，不同的組合方式所呈現的花朵亦不相同。

E 組合

10　將4吋及6吋蛋糕皂，用抹刀抹上皂液黏好，以防滑動。

11　在上層蛋糕皂上塗上皂液，作為黏合劑，將做好的扇型花朵皂片依放射狀層層疊滿即可。

12　下層任選合適角度，黏上壓模花朵即可。

13　最後，繫上緞帶裝飾，便完成潔白素雅的「新娘的嫁衣」。

14　裝飾好的蛋糕皂需要等待熟成時間45天，即可切開使用。

彌月之喜蛋糕皂

Newborn Symbol

鳥巢造型，象徵新生的喜悅！

製作難度 ★★★☆☆
使用技法 皂片＋
　　　　　 皂土運用

　　這款蛋糕造皂的創作理念是希望能夠分享新生的喜悅，所以藉由一顆顆的鳥蛋象徵著生命的誕生，而鳥巢則是營造出家的溫暖，以黃橙橙的色澤做呈現，製造出溫馨感。

　　這款「彌月之喜」是利用皂片和皂土的組合，再加上擠花就完成了！皂上的「鳥蛋」造型，是利用做皂剩下來的薄片或皂屑，捏成小皂球，就變成了很好的裝飾素材。

Note

紅棕櫚油含有胡蘿蔔素、維他命E等天然物質，有助修護皮膚、滋養保濕，入皂後呈現天然的金黃色澤，非常飽和又美麗。若是家中有小寶貝，這款皂也很適合他們使用喔！

示範模具	圓形矽膠模 直徑15cm 高 6cm	正方形模具 長 x 寬 x 高（cm） 9x9x6
使用工具	修皂器台、花嘴2個（16、233號各1）、轉接頭2個、擠花袋2個、白色皂條	
INS 硬度	皂體151；裝飾皂：黃色部分同皂體 INS151、白色部分參考新娘嫁衣配方 INS150	

配方 Material

油脂	椰子油　200g 紅棕櫚油　400g	甜杏仁油　200g 橄欖油　200g
鹼液	氫氧化鈉　148g	純水冰塊　370g
添加物	低溫艾草粉　少許 可可粉　少許	

※ 裝飾皂液與皂體配方相同，但只需取約 1/3 的量即可。

作法 ①蛋糕皂體（請於2～3天前準備）

A 基礎打皂步驟

1　準備370g純水製成冰塊。

2　將148g的氫氧化鈉分3～4次加入冰塊中快速攪拌，直到氫氧化鈉完全溶解。

3　將配方中的所有油脂量好混合後，加熱至35～40℃左右。

TIPS 若加熱溫度過高，需等溫度降下來後，再與鹼液混合。

4　將步驟2的鹼液分次慢慢倒入步驟3的油脂中，一邊用不鏽鋼打蛋器攪拌，將皂液攪拌到Light trace的程度即可。

B 入模&脫模

5　將皂液倒入圓形及正方形模具中，放入保麗龍箱中保溫，約2～3天後即可取出脫模。

TIPS 冬天時請將作品充分保溫，以避免產生鬆糕現象。

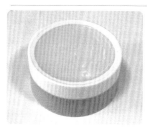 

②裝飾蛋糕皂

C 打皂

6　取P.153「新娘嫁衣」配方的1/4量，重複A的打皂步驟。

D 調色&入擠花袋

7 將打好的皂液分成3鍋（請額外預留用來黏著的皂液備用），其中2鍋加入適量的低溫艾草粉和可可粉調成綠色、咖啡色皂液。

8 將調好的綠色、咖啡色皂液和1/3原色皂液放入同一個擠花袋中，裝上233號花嘴，並將其餘2/3原色皂液放入另一擠花袋中，裝上16號花嘴備用。

TIPS 擠奶油皂花要先測試濃稠度，可先試擠在工作墊上，待線條穩定後，方可擠在作品上。

E 裝飾皂

9 將事先準備好的白色皂條，以及脫模後黃色皂條、用美工刀裁成長5cm、寬3cm的長方形，再用修皂器刨成皂片。

10 將黃色皂邊揉成皂土，再搓成12顆圓形、重量為10g左右的蛋黃；白色皂邊先揉成皂土，再搓成4顆小小的白色鳥蛋。

F 組合&擠花

11 在蛋糕體四周塗上一層皂液，依序將黃色與白色皂片黏上。

12 先用原色皂液在蛋糕皂體上層擠滿星星圖形，再擺放上圓形的黃色蛋黃皂。

13 使用裝三色皂液的擠花袋擠出細絲，邊擠邊繞圓圈層層疊上，即完成鳥巢造型，再將白色鳥蛋造型皂放入鳥巢點綴即完成。

14 裝飾好的蛋糕皂需要等待熟成時間45天，即可切開使用。

向日葵蛋糕皂

Sunflower Soap

杯子蛋糕皂款，帶給你滿滿元氣！

製作難度 ★★★☆☆
使用技法 擠花技法

　　向日葵，總是能帶給人美好、希望的感覺，是我很喜歡的花卉之一！這款造型皂是利用杯子蛋糕做為基底，再用擠花技法製作出盛開的向日葵，步驟看似簡單，但是要擠出美麗的花瓣形狀卻不大容易，需掌握好力道的大小，越靠近中心位置，花瓣就要擠得越短，需要經常練習，才能做出立體美麗的向日葵。

Note

冷壓未精製的酪梨油（初榨）含豐富的礦物質，可柔潤滋養肌膚，吸收速度快，適合做成洗臉皂及嬰兒用皂，有美顏護膚的效果，中、乾、敏感性肌膚皆適用。

示範模具	杯型紙模 直徑 6cm 高 3.5cm
使用工具	擠花袋 2 個、花嘴（68、16 號各 1）、轉接頭 2 個
INS 硬度	皂體 140／裝飾皂 140

配方 Material

油脂	椰子油　200g 橄欖油　200g 乳油木果脂　400g 冷壓酪梨油（未精緻）　200 g
鹼液	氫氧化鈉　143g　純水冰塊　355g
添加物	金盞菊精油　少許 黃色礦泥粉　少許 可可粉　少許

※ 裝飾皂液與皂體配方相同，但只需取約 1/3 的量即可。

※ 以上材料約可做 12 個杯子蛋糕皂，如左圖大小。

作法 ①蛋糕皂體（請於2～3天前準備）

1 準備355g純水製成冰塊。

2 將142g的氫氧化鈉分3～4次加入冰塊中快速攪拌，直到氫氧化鈉完全溶解。

3 將配方中的所有油脂量好混合後，加熱至35～40℃左右。

TIPS 若加熱溫度過高，需等溫度降下來後，再與鹼液混合。

4 將步驟2的鹼液分次慢慢倒入步驟3的油脂中，一邊用不鏽鋼打蛋器攪拌，將皂液攪拌到Light trace的程度即可。

5 將皂液倒入杯型紙模中，放入保麗龍箱中保溫，約2～3天後即可取出脫模。

②裝飾蛋糕皂

6 依照配方取1/3的量左右，重複A的打皂步驟。

7 　將皂液分成2鍋，分別加入適量的可可粉及金盞菊精油、黃色礦泥粉，調出天然的咖啡色與黃色皂液。

8 　將調好色的皂液裝入擠花袋，並裝上對應的花嘴（黃色皂液—68號花嘴、咖啡色皂液—16號花嘴），等待適當濃稠度擠花。

TIPS 擠奶油皂花要先測試濃稠度，可先試擠在工作墊上，待線條穩定後，方可擠在作品上。

9 　一手拿起杯子蛋糕基底，另一手拿起裝黃色皂液的擠花袋，從最外層開始擠出放射狀的花瓣，注意花瓣要由內向外擠出，第1層擠完再擠第2層，共擠3～4層即可。

TIPS 擠花瓣時，在每片花瓣斷掉之前，要往外拉長延伸，尾端才會尖尖的。

10 　用裝上16號花嘴的咖啡色皂液擠在向日葵的中心點就大功告成。

11 　裝飾好的蛋糕皂需要等待熟成時間45天，即可使用。

蛋糕皂小教室

杯子蛋糕小巧又可愛，不僅可以變化出很多皂型，更是送禮給親朋好友的首選，新手入門蛋糕皂不妨從它開始吧！

愛心寶盒蛋糕皂

Love Box Soap

氣質典雅的愛心蛋糕造型，
傳達滿滿的愛意

製作難度 ★★★★☆
使用技法 擠花技法

　　我很喜歡花，美麗的花花草草總能帶給我許多創作靈感，像這款「愛心寶盒蛋糕皂」，是想要傳達出兩人世界的甜蜜，所以我選擇了花語象徵著「幸福、一生一世」的櫻花，做為裝飾，再加上粉紅色系與愛心造型的元素，營造出濃濃的幸福感！

　　這款蛋糕皂運用了非常多種擠花的技法，像是緞帶、愛心、貝殼花等等，建議新手可以先在透明的塑膠墊上練習，等手感熟練以後，再實際操作在蛋糕皂體。

Note

杏桃核仁油是一種清爽且營養的油，製成保養品可舒緩缺水引起的搔癢，適合乾燥及敏感肌膚，做成香皂時功效類似甜杏仁油，但效果更好且泡沫蓬鬆。

示範模具	愛心矽膠模 最大寬度約 10.5cm 高 8cm
使用工具	花嘴 6 個（2、16、20、68、104、352 號各 1）、轉接頭 4 個、擠花袋 4 個。
INS 硬度	皂體 129／裝飾皂 129

配方 *Material*

油脂	椰子油　200g　乳油木果脂　200g 杏桃核仁油　600g
鹼液	氫氧化鈉 144g　純水冰塊　360g
添加物	金盞菊精油　少許 黃色礦泥粉　少許 低溫艾草粉　少許 法國粉紅礦泥粉　少許

※ 裝飾皂液與皂體配方相同，但只需取約 1/3 的量即可。

※ 以上材料約可做 2 個愛心蛋糕皂，如左圖大小。

作法　①蛋糕皂體與櫻花（請於2～3天前準備）

A　基礎打皂步驟

1　準備360g純水製成冰塊。

2　將144g的氫氧化鈉分3～4次加入冰塊中快速攪拌，直到氫氧化鈉完全溶解。

3　將配方中的所有油脂量好混合後，加熱至35～40℃左右。

TIPS 若加熱溫度過高，需等溫度降下來後，再與鹼液混合。

4　將步驟2的鹼液分次慢慢倒入步驟3的油脂中，一邊用不鏽鋼打蛋器攪拌，將皂液攪拌到Light trace的程度即可。

B　調色＆入模

5　將皂液分成2鍋（需保留1/5原色皂液），分別加入粉紅礦泥粉、金盞菊精油和黃色礦泥粉調成粉色和黃色皂液。

6　將粉色皂液倒入愛心模具中，放入保麗龍箱中保溫，約2～3天後即可取出脫模。

TIPS 冬天時請將作品充分保溫，以避免產生鬆糕現象。

C　製作櫻花

7　將黃色皂液和原色皂液分別裝入擠花袋並裝好花嘴（黃色裝104號、原色裝16號花嘴）。

8　用黃色皂液擠出5片花瓣即成櫻花造型，擠完花瓣後再用原色皂液擠在中心點即完成，擠好的櫻花造型，需等待2～3天時間變硬備用。

作法 ②裝飾蛋糕皂

D 打皂

9 依照配方取1/3的量左右，重複A的打皂步驟。

E 調色&入擠花袋

10 將皂液分成3鍋，其中2鍋分別加入低溫艾草粉、粉紅礦泥粉調成綠色和粉色皂液。

11 將調好色的皂液裝入擠花袋，並裝上對應的花嘴（原色皂液—68號花嘴、粉色皂液—20號花嘴、綠色皂液—352號花嘴），等待適當濃稠度擠花。

TIPS 擠奶油皂花要先測試濃稠度，可先試擠在工作墊上，待線條穩定後，方可擠在作品上。

F 擠花

12 用裝上20號花嘴的粉色皂液在心形蛋糕皂體的側面擠出心形的圖案，擠滿一圈之後，在蛋糕皂體底部用同樣的花嘴擠上一圈貝殼花。

13 將粉色皂液換上16號花嘴在蛋糕皂體上方擠上交叉線條，先擠完一層同方向的斜線之後，再擠一層相反方向的斜線。

14 用裝上68號花嘴的原色皂液在心形上方邊緣擠上一圈花邊緞帶。

G 櫻花裝飾

15 將做好的櫻花用皂液黏上，用裝上352號花嘴的綠色皂液，擠出葉子，再換上2號花嘴擠出細長的藤蔓，最後可以放上小珠珠做點綴，即完成美麗的愛心寶盒蛋糕皂。

16 裝飾好的蛋糕皂需要等待熟成時間45天，即可切開使用。

玫瑰花籃蛋糕皂

Rose Baskets

高難度編織技巧，歡迎高手來挑戰！

製作難度 ★★★★★
使用技法 擠花技法

　　粉紅玫瑰的花語是初戀、銘記於心、喜歡你那燦爛的笑容、愛心與特別的關懷；用愛編織的花籃正在默默低語：我愛你。這款濃情蜜意的「浪漫花籃」，同樣運用了難度較高的擠花技法，加上在側邊擠花時，為了突破角度侷限，建議可以用竹筷插入皂體做支撐，一手拿著竹筷，另一手握住擠花袋擠奶油皂花，因此頗具難度！

Note

這款皂使用了大量的冷壓澳洲胡桃油，它的特徵是含棕櫚油酸20%以上，做出的皂起泡力比橄欖油更好，是一款洗完感覺滋潤且清爽的皂，適用於油性、中性肌膚。

示範模具	六穴模（每一格）直徑 7cm 高 4.5cm
使用工具	花形壓模、粉紅色皂條（製作玫瑰花）、花嘴 4 個（14、16、20、352 號各 1）、轉接頭 4 個、擠花袋 4 個、筷子（支撐皂體用）
INS 硬度	皂體 156 ／裝飾皂 156

配方 Material

油脂	椰子油　150g 棕櫚核仁油　150g 冷壓澳洲胡桃油　700g
鹼液	氫氧化鈉　149g　純水冰塊　370g
添加物	低溫艾草粉　少許 法國粉紅礦泥粉　少許 可可粉　少許

※ 裝飾皂液與皂體配方相同，但只需取約 1/3 的量即可。

※ 以上材料約可做 10 個玫瑰花籃蛋糕皂，如左圖大小。

作法 ①蛋糕皂體與玫瑰花（請於2～3天前準備）

A 基礎打皂步驟

1 準備370g純水製成冰塊。

2 將149g的氫氧化鈉分3～4次加入冰塊中快速攪拌，直到氫氧化鈉完全溶解。

3 將配方中的所有油脂量好混合後，加熱至35～40℃左右。

TIPS 若加熱溫度過高，需等溫度降下來後，再與鹼液混合。

4 步驟2的鹼液分次慢慢倒入步驟3的油脂中，一邊用不鏽鋼打蛋器攪拌，將皂液攪拌到Light trace的程度即可。

B 入模

5 將皂液倒入六穴模中，放入保麗龍箱中保溫，約2～3天後即可取出脫模。

TIPS 冬天時請將作品充分保溫，以避免產生鬆糕現象。

C 壓花

6 將事先準備好的粉紅色皂條用修皂器刨成片狀，利用花型壓模，依大小壓好花形再組合成一朵玫瑰花（共組成3朵）。

②裝飾蛋糕皂

D 打皂

7 依照配方取1/3的量左右，重複A的打皂步驟。

E
調色&入擠花袋

8 將皂液平均分成4鍋,其中3鍋分別加入適量的可可粉、粉紅礦泥粉和低溫艾草粉調成咖啡色、粉色和綠色皂液。

9 將調好色的皂液裝入擠花袋,並裝上對應的花嘴(咖啡色皂液—16號花嘴、粉色皂液—20號花嘴、綠色皂液—352號花嘴、原色皂液—14號花嘴),等待適當濃稠度擠花。

TIPS 擠奶油皂花要先測試濃稠度,可先試擠在工作墊上,待線條穩定後,方可擠在作品上。

F
製作花籃

10 將竹筷插入蛋糕皂體,分別使用咖啡色及原色皂液,將皂體側邊編織成花籃的造型。

11 在皂體上方邊緣用咖啡色皂液擠出S形繩索環繞一圈。

G
擠花裝飾

12 在皂體上方表面用粉色皂液擠成漩渦狀。

13 將事先做好的3朵玫瑰花放上蛋糕皂體,再用綠色皂液擠上葉子,即完成浪漫花籃蛋糕皂。

14 裝飾好的蛋糕皂需要等待熟成時間45天,即可使用。

達人級手工皂用途表

	皂款名稱	洗臉適合膚質	清潔身體	洗髮	頁數
分層皂	黑糖薑汁皂	乾性 / 中性	●		28
	巧克力脆片乳皂	乾性 / 中性	●		32
	蜂蜜優格保濕乳皂	乾性 / 中性	●		36
	荷荷巴洗髮乳皂			●	40
	苦茶蓴麻葉洗髮皂			●	44
	澳洲胡桃修護乳皂	乾性 / 中性	●		48
渲染皂	備長炭清爽皂	油性 / 中性	●		60
	紅礦泥去角質乳皂	中性	●		64
	香草可可乳皂	乾性	●		68
	橄欖保濕乳皂	中性	●		72
	孔雀榛果乳皂	中性	●		76
	酪梨滋養乳皂	乾性	●		80
捲捲皂	瑞士捲之扁形捲捲皂	乾性 / 中性	●		90
	圓滾滾的可愛捲捲皂	乾性 / 中性	●		94
	捲入漩渦捲捲皂	油性 / 中性	●		100
	幸福壽司捲捲皂	乾性 / 中性	●		104
	粉紅蕾絲捲捲皂	中性	●		108
浮水皂	金盞花浮水皂	油性	●		118
	三色夾心浮水皂	皆可	●		122
	陽光可可浮水皂	油性 / 中性	●		126
	朱古力浮水皂	油性 / 中性	●		130
	橄欖艾草浮水皂	皆可	●		134
	蛋糕浮水皂	油性	●		138
蛋糕皂	聖誕檜樂蛋糕皂	皆可	●		148
	新娘の嫁衣蛋糕皂	皆可	●		152
	彌月之喜蛋糕皂	皆可	●		156
	向日葵蛋糕皂	皆可	●		160
	愛心寶盒蛋糕皂	皆可	●		164
	玫瑰花籃蛋糕皂	皆可	●		168

Ena's soap 娜娜媽媽皂花園

一起來打皂！貼心3大服務

❋ 客製化代製
代製專屬母乳皂／手工皂／婚禮小物／彌月禮／工商贈品

❋ DIY手工皂教學
基礎／進階／渲染皂／分層皂／捲捲皂／浮水皂／蛋糕皂
液體皂／環保大豆臘

❋ 材料配方
Miaroma代理／單方精油／手工皂&液體皂材料包、工具
各式油品

購物車 | www.enasoap.com.tw
地址 | 新北市新店區北新路2段196巷
9號1樓 (近捷運新店線七張站)
電話 | 0922-65-9988

生活樹系列 046

一次學會 5 大技法！達人級手工皂 Guide Book

圖解分層皂 ‧ 渲染皂 ‧ 捲捲皂 ‧ 浮水皂 ‧ 蛋糕皂，最強技法 30 款

作　　　者	娜娜媽、季芸、南和月、陳婕菱、吳佩真
攝　　　影	廖家威
總　編　輯	何玉美
副總編輯	陳永芬
主　　　編	紀欣怡
美術設計	果實文化設計工作室
內文排版	菩薩蠻數位文化有限公司

出版發行	采實文化集團
行銷企劃	陳佩宜‧馮羿勳‧黃于庭‧蔡雨庭
業務發行	張世明‧林踏欣‧林坤蓉‧王貞玉
會計行政	王雅蕙‧李韶婉
法律顧問	第一國際法律事務所　余淑杏律師
電子信箱	acme@acmebook.com.tw
采實粉絲團	http://www.facebook.com/acmebook01

Ｉ Ｓ Ｂ Ｎ	978-986-94644-2-0
定　　　價	380 元
初版一刷	2014 年 03 月
初版十三刷	2020 年 06 月
劃撥帳號	50148859
劃撥戶名	采實文化事業股份有限公司
	104 台北市中山區南京東路二段 95 號 9 樓
	電話：(02)2511-9798
	傳真：(02)2571-3298

國家圖書館出版品預行編目資料

一次學會 5 大技法！達人級手工皂 Guide Book / 娜娜
媽等作 . -- 初版 . -- 臺北市 : 采實文化 , 2017.04
　面；　公分 . -- (生活樹系列 ; 46)
ISBN 978-986-94644-2-0(平裝)

1. 肥皂

466.4　　　　　　　　　　　　　106004935

采實文化 **采實文化事業有限公司**

104台北市中山區南京東路二段95號9樓

采實文化讀者服務部　收
讀者服務專線：02-2511-9798

一次學會5大技法
達人級手工皂
GUIDE BOOK

046

圖解 分層皂・渲染皂・捲捲皂・浮水皂・蛋糕皂
一次學會5大技法 **GUIDE BOOK** Professional!! 最強技法30款
達人級手工皂

讀者資料（本資料只供出版社內部建檔及寄送必要書訊使用）

① 姓名：

② 性別：□男　□女

③ 出生年月日：民國　　　年　　　月　　　日（年齡：　　　歲）

④ 教育程度：□大學以上　□大學　□專科　□高中（職）　□國中　□國小以下（含國小）

⑤ 聯絡地址：

⑥ 聯絡電話：

⑦ 電子郵件信箱：

⑧ 是否願意收到出版物相關資料：□願意　□不願意

購書資訊

① 您在哪裡購買本書？□金石堂（含金石堂網路書店）　□誠品　□何嘉仁　□博客來

　□墊腳石　□其他：　　　　　　　　　　（請寫書店名稱）

② 購買本書日期是？　　　年　　　月　　　日

③ 您從哪裡得到這本書的相關訊息？□報紙廣告　□雜誌　□電視　□廣播　□親朋好友告知

　□逛書店看到　□別人送的　□網路上看到

④ 什麼原因讓你購買本書？□喜歡手作　□被書名吸引才買的　□封面吸引人

　□內容好，想買回去參考　□其他：＿＿＿＿＿＿＿＿＿＿＿＿＿＿＿（請寫原因）

⑤ 看過書以後，您覺得本書的內容：□很好　□普通　□差強人意　□應再加強　□不夠充實

　□很差　□令人失望

⑥ 對這本書的整體包裝設計，您覺得：□都很好　□封面吸引人，但內頁編排有待加強

　□封面不夠吸引人，內頁編排很棒　□封面和內頁編排都有待加強　□封面和內頁編排都很差

寫下您對本書及出版社的建議

① 您最喜歡本書的特點：□圖片精美　□實用簡單　□包裝設計　□內容充實

② 您對書中所傳達的手工皂步驟，有沒有不清楚的地方？

③ 未來，您還希望我們出版哪一方面的書籍？